无限进步

李海峰　徐剑　主编

图书在版编目（CIP）数据

无限进步 / 李海峰，徐剑主编.—武汉：华中科技大学出版社，2024.1
ISBN 978-7-5772-0234-1

Ⅰ.①无… Ⅱ.①李…②徐… Ⅲ.①成功心理-通俗读物
Ⅳ.①B848.4-49

中国国家版本馆CIP数据核字(2023)第233128号

无限进步
Wuxian Jinbu

李海峰　徐剑　主编

策划编辑：沈　柳	
责任编辑：沈　柳	
封面设计：琥珀视觉	
责任校对：王亚钦	
责任监印：朱　玢	
出版发行：华中科技大学出版社（中国•武汉）	电话：(027)81321913
武汉市东湖新技术开发区华工科技园	邮编：430223
录　　排：武汉蓝色匠心图文设计有限公司	
印　　刷：湖北新华印务有限公司	
开　　本：880mm×1230mm　1/32	
印　　张：8.25	
字　　数：192千字	
版　　次：2024年1月第1版第1次印刷	
定　　价：52.00元	

本书若有印装质量问题，请向出版社营销中心调换
全国免费服务热线：400-6679-118　竭诚为您服务
版权所有　侵权必究

PREFACE
前言　　李海峰

一堂是一个创业者很喜欢的学习平台。我目前已经推荐了800多位小伙伴去一堂学习,合伙人指数超过15000,位居第一。一堂除了有非常棒的线上课程,还有MBA大课、讲师班课程等线下课程。上线下课,除了课堂里的学习,课外同学之间的深入交流和分享也会让人收获多多。

不过也有遗憾,不是每个人都有机会进行充分表达。一群人落座,简单自我介绍后,大家倾向于让看起来厉害的人多讲一些。不过那些说得多的人也想更多地了解其他同学,更好地支持别人,以寻找更多合作的机会。

我受邀在一堂分享了"合集出版模型"。在讲师班上,有同学们提议我们也可以出本合集。在陆胜辉、班铭阳、潘俊、郭剑等同学的助力下,广州一堂讲师群做了本书的组委会,在1个月内完成从招募到定稿的全部工作,并且后续还会做TED演讲大会。我们希望,"每个人都可以上讲台,每个人都可以被看见"。

你打开这本书,有 30 位创业者在你面前将他们的故事娓娓道来。我请你每读完一篇,就用自己的语言提炼出关键点,并且作为自己思考的切入点。我们把每位作者的微信二维码都放在书中,你可以加他们为好友,与他们分享自己的学习心得。这样无论是知识的获取,还是社交的需求,都可以被满足。

每篇文章彼此独立,你可以一天读一篇,然后把自己喜欢的文章多读几遍。我分享一下我的读书笔记,相信你一定会看到更多信息,请把我的笔记作为开胃小菜。

徐剑是江苏省产业教授、数族科技创始人。他告诉想提高个人和公司管理水平的读者,如何搞定项目管理,如何形成和建立整体性更强的管理体系建设思想、颗粒度更小的执行标准长效机制。

班铭阳是策划并落地百亿项目群的资深文旅产业融合顾问。他为创业的读者们总结出极限创业之道,密码包括重新开始的勇气、深度调研与预判的基础、极限转化的信心、低成本测试迭代的能力以及打造有凝聚力的团队。

陈芳强在长沙摄影行业耕耘了 13 年。他和关注创业者的读者分享自己的成长过程,提高核心能力,搭建团队,持续奔跑,相信成长,科学创业。

大熊老师是 AI 创新导师、央企上市公司数字化转型顾问。他带着关注未来的读者,直接翻阅一封来自 2035 年的信,主题是 AI 时代的生存指南。

邓振怀是北京大学管理学硕士,做过 5 年 HRD 以及有连续 10 年创业的经验。他跟那些还在为学习成长而感到痛苦、煎熬的读者分享将学习变成游戏的方法。

郭剑是执业律师、心理咨询师,他给所有因信息爆炸而焦虑的读者展示如何才能回归当下,回到生命最有力量的时刻。

何静是一个 40 多岁的咖啡店创业宝妈、弹性素食推广者,她告诉那些被裁员的读者:如何接纳外部的变化,接纳不完美的自己,爱自己的同时,也帮助有需要的人。

金子是专注于提高个人与组织的创新力的商业教练,她想与希望提升创新意识和创新能力的读者交流,借事修人,以人成事,自我修行。

婧怡是干货女王、团队管理和女性领导力专家,她告诉想增加心力的读者,作为创业者,如何学习管理技能,练习管理心法,活出真实的自己。

李婕是 DISC 咨询顾问、短视频创业者,她告诉对增长咨询有兴趣的读者,如何科学地吹牛,并揭晓现实商战是朴实无华、有规律可循的。

林天智是理财教育讲师、青岛新创投研究院院长,他告诉想破局增长的读者,要相信"七年就是一辈子",号召大家这辈子为自己而活。

缪海昕是一堂学分一姐、智慧重症应用解决方案的开发者,她告诉想和企业一起成长的读者,如何通过个人成长创造价值、通过企业成长提供机会。

莫非是消费者洞察和营销创新方面的专家。他告诉成长中的读者,不要对未知感到恐惧,用全部力量和才能去专注地做一件有价值的事情。

潘俊是企业数字化转型和服务赛道的高手。他告诉关注企业未来竞争力的读者,如何用数字化的工具去真正赋能中小型的制造型企业。

乔帮主是商业教练、拥有20年实战经验的线下零售老兵,最高年营业额超过10亿元。她告诉同样想"一生百世"的读者,如何提高"创新挑战,扩阔疆域,科学创业"的能力。

黄沈吉是科技与金融的跨界者、阿里云区块链全球大赛第一名获得者。他告诉对企业数字化转型感兴趣的读者,如何让数字化平台在转型过程中扮演手、脚、脑的角色并形成闭环。

堂主是新媒体品牌推广、品牌矩阵陪跑专家。他告诉关注中年副业转型的读者,转型副业就是带薪创业,告诉他们如何学习、出圈和IPO。

王慧美是复旦中山医院的博士、医学科研辅导专家。她分享了自己的医疗科研思维模型,她辅导的500多名医学生考上了清华、北大、复旦、交大的硕士和博士研究生。

三旦旦是 AI 领域创业者，懂得业务的技术合伙人。他与关注 AI 和人的关系的读者探讨未来 AI 会不会取代人类，告诉大家如何在探索的过程中，让 AI 成为人类的助手而不是威胁。

闻腾达是私董会传播人。他告诉关注私董会的读者，如何理解并接纳自己和他人，帮助自己和他人提高找到关键问题、成就更高价值的领导力。

武世杰是 AI 实际应用落地的探索创业者。他与想真正理解新一轮 AI 革命的读者交流，他引用马克·吐温的话："历史不会重复，但是会押韵"。

向海容是公益人，也是企投人，既做企业，又投资。他分享了个人成长的三观模型和成长模型，也介绍了他企投的一些项目的情况。

新月是性格色彩心理咨询师、高级家庭教育指导师。她说："懂客户比爱客户更重要。"给客户所想，才会得到你所想。

易天朝是远方好物的联合创始人、希望公益社团社群社区负责人。他与想为社会做有意义的事的读者交流，他为我们分析远方好物背后的价值追求。

杨辉是微软前工程师，现在是 4 家公司的首席战略官。他分享了如何用企创协同催化校友经济，用联合创新推动商业向善。

张伟成立了中叶生态环境研究院，他是理想主义者，是创新狂。他与关注世界的读者交流，他深入浅出地分享了双碳领域的知识和行业机会。

钟征是信息系统实施专家、集团战略及运营管理专家。他告诉想跨界的读者，如何创造极致，如何为用户而生、为世界创造美好。

庄翰是源头香精供应链的数字化香薰行业开拓者，从事过 11 个行业。他告诉为选择行业而感到困惑的读者，如何用最短路径"打怪"的方式不断升级。

刘智浩是一堂广州学习中心的主理人。他与创业路上迷茫的读者交流，他鼓励低谷中的创业者，走哪边都是在上坡。他认为创业就是场长跑，跑得远才是关键。

在整本书的最后，已经出版过 30 本合集的我，相与对合集模式感兴趣的读者交流，我把做合集的思维模式不断迭代的过程呈现给大家，希望给大家带来更多思考。

在最后，我要感谢一堂学习中心。没有它，就没有这本书里的 30 个创业者一起分享的机会。如果你也想加入一堂学习，你可以通过扫描你感兴趣的合著者的二维码，加他为好友，与其沟通和交流。

生命不息，学习不止。作为想要成长的创业者，我们追求无限进步。

目录 CONTENTS

我眼中的项目管理 徐剑 1	极限创业——如何在逆境中突破与创新 班铭阳 10	在创业的路上,在学习的路上 陈芳强 21
AI时代生存指南——来自2035年的一封信 大熊老师 29	让学习与成长不再痛苦 邓振怀 39	回归当下——生命最有力量的一刻就在当下 郭剑 48
感谢裁员,让我开了咖啡馆,圆了餐饮梦 何静 55	提升个人与组织的创新力 金子 62	创业者如何修炼心力 婧怡 70
科学"吹牛"助力你创业成功 李婕 81	七年就是一辈子 林天智 90	从追求个人看病方便到帮助大家看病方便——我的成长与智康的成长 缪海昕 98
别为自己的人生设限 莫非 105	一个外企工业销冠的数字化软件创业之路 潘俊 113	一生百世,迭代重开 乔帮主 121

读懂企业数字化转型 黄沈吉 127	中年人的副业转型之路 堂主 135	我的医学科研思维模型 王慧美 144
AI会不会取代人？ 三旦旦 154	借力私董会，开启领导力修炼之旅 闻腾达 163	此刻是百年难遇的AI的BBS时刻 武世杰 173
用智慧改变世界 向海容 181	懂客户比爱客户更重要 新月 189	一灯传诸灯 易天朝 197
企创协同催化校友经济，联合创新推动商业向善 杨辉 203	实现理想，顺便赚钱 张伟 211	跨界而来，为用户而生 钟征 218
素人打工或创业，如何选择行业和走最短路径"打怪" 庄翰 225	创业路上，有我同行 刘智浩 233	合集出版的需求和实践 李海峰 240

无限进步

我眼中的项目管理

■ 徐剑

To B领域多行业、跨板块的资深从业者
擅思、能听、会看、愿说的终身学习者
不断创造变化、突破自我的毕生探索者

先看定义

什么是项目？

项目是人们通过运用各种方法，将人力、材料和金钱等资源组织起来，根据相关商业策划安排，进行一项独立一次性或无限期的工作任务，以期达到由数量和质量指标所限定的目标。

什么是管理？

管理是指一定组织中的管理者，通过实施计划、组织、领导、协调、控制等方式来协调他人的活动，使别人同自己一起实现既定目标的活动过程。管理是人类各种组织活动中最普通和最重要的一种活动。

什么是项目管理？

项目管理是在项目活动中运用专门的知识、技能、工具和方法，使项目能够利用有限的资源，实现或超过设定的需求和期望的过程。项目管理是对成功地达成一系列目标的活动的整体监测和管控，包括策划、进度计划和维护组成项目的活动的进展。

再划关键词

在上面的定义中，大家认为，最关键的是哪个词？资源、组织、计划、协调、控制、目标……

相信大家的答案各不相同，原因是什么？

我通过自己对不同项目、不同组织大量的观察，总结大家的答案五花八门的原因，就是两个字：**边界**。

对于一次性的项目，大家想提升自己的管理水平，随手一搜就有很多关于方法论、工具的课程，踏踏实实学一遍，认认真真想几回，再结合自身实践去刻意练习，就能加深对理论的理解，加强实际运用能力。

但是，如果有人现在已经是创业公司的一把手，那么，我想告诉大家的是，要想增强管理能力仅仅做到前面的这一步，还远远不够。

希望大家可以认真想一想，为什么曾经管理过各种项目（包括相当复杂的、需要通过专业的 PMP 体系去推进的项目）都能够驾轻就熟的我们，在自己成为一把手之后，却经常发现团队不停地解决紧急问题、不断地补救现实漏洞？为什么我们曾经以为是在处理重要的事情，其实大多数时候只是在头痛医头、脚痛医脚？还有没有这样的体验，明明大家都商量得清清楚楚的事情，预期结果十分美好，但为什么这样的结果就是出不来？

告诉大家我在定义项目管理时的一个关键词，与边界相对应：**幅度**。

作为普通创业公司的一把手，你大概率会在业务推进的某个卡点发现，甚至在生死存亡的关头惊醒——原来自己不得不站在全公司的层面，把主线业务从起盘期到衰退期的完整过程当作一个**周期性更长、复杂度更高的全景项目**来管理；原来自己还不得不站在全岗位的角度，把主线业务从需求探索到壁垒构建的全部关键环节都**拆解成细到执行动作的最小单元来**进行沙盘演练。

因此，我眼中的创业项目管理，一定需要具备**整体性更强的管理**

体系建设思想、颗粒度更细的执行标准长效机制。

我怎么做项目管理？

项目管理管什么？

通常的项目管理包含这些主要内容：范围管理、时间管理、费用管理、质量管理、人力资源管理、风险管理、沟通管理、采购与合同管理和综合管理。

一把手最该管什么？

在上面的内容里，大家认为，最该一把手管的是什么？是范围、时间、费用、质量、人力、风险、沟通、采购、合同、综合……

大家的答案一定又各不相同，原因是什么？

差异的本质，不用多讲了，还是刚刚的两个关键词：**边界**、**幅度**。

那么，一把手最该管什么？

不卖关子了，我再告诉大家一个关键词，把上述两个关键词结合起来，得出来：**规则**。

$$边界 \times 幅度 = 规则$$

—— 敲黑板，说重点 ——

接下来，我帮大家加深一下对"规则"这两个字的理解。

项目管理的主要目标：
1. 满足项目的**要求**与**期望**。
2. 满足项目利益相关方不同的**要求**与**期望**。
3. 满足项目已经识别的**要求**和**期望**。
4. 满足项目尚未识别的**要求**和**期望**。

项目管理根本上在管什么？

再记一下这两个关键词吧，**要求、期望**。

无独有偶，能够有效串联起它们的，还是两个字：**规则**。

> # 要求 X 期望 = 规则
> ——— 敲黑板，说重点 ———

所以，无论是什么项目类型，无论是什么区分方式，无论是什么定义口径，如果你是项目管理的一把手，请记住，你的管理资源，首先要用于探索规则、讨论规则、制定规则、守护规则、优化规则。

大家不妨再深想一层，规则的核心作用是什么？是**共识化的确定性**。

那么，继续深挖，我们投入成本做项目管理，得到的效益究竟是什么？

是把过程中多元的不确定性变为结果的一致的确定性。

但，又有多少人会清楚地意识到，我们若想管好就得围绕这句话："从不确定到确定。"

作为创业者，我们心怀梦想，我们负重前行，我们到底在做什么？

我现在的自我介绍是这么写的：庆幸自己处在一个仍然充满着变化的时代，并期待自己可以让这个世界发生某些变化。

怎么管？

请放下组织分工的执念，请放下主观能动的妄念。

作为一把手，身先士卒，盯住每一个关键细节，不厌其烦地打磨好每一个标准动作。

实在不知道怎么做，就学一学华为的方法：**先僵化，后优化，再固化。**

请务必认真听下面这句话：**"消灭不确定性的最佳手段，就是标准化。"**

请务必认真用下面这句话：**"哪怕现阶段暂时是不那么科学的标准化。"**

———

接下来，我跟大家聊一聊我对数族科技是怎么进行从宏观到微观的拆解，再怎么实现从微观到宏观的反馈的。

目前，我们将公司的产品、研发、市场、客服、运维、财务等与项目商业化实现过程的所有相关环节，都视为项目流程节点，全部纳入信息系统，进行统一管理。

首先是全盘拆解。

目标—阶段性目标（含时间里程碑、分工条线）—事件（含多事件之间的关联性、先后性）—最小动作（含动作的关联性）—岗（含岗位级别）—人（含人员数量）。

简而言之，确定业务整体顺利推进的关键流程中的最小动作，直到拆无可拆为止，并形成一层层的拓扑关联网络。

其次是确定标准。

以商业效率最大化为准则，对应以上的拆解颗粒度，通过大量反你的管理资源，首先要用于探索规则、讨论规则、制定规则、守护规则、优化规则。

复的讨论，本着"必须想办法去定量、确实没办法定量才定性"的原则，确定每个要素的评价机制，也就是目标闭环判决标准（无论成败）—阶段性目标闭环标准—事件闭环标准—动作闭环标准—岗位薪资—人员特质。

再次是落实到人。

按照某人来承担某个岗位职责，完成某个动作才能让该动作闭环的质量最好、效率最高的原则去安排执行人选。

当然，前提是兼顾考虑个人工作量，若并行的多个动作之间出现人选的冲突，以质量必达作为底线，效率优先作为中线，在现有人力资源的基础条件下进行二次部署。同时，以质量必达、效率优先同时满足作为最高实现目标，考虑是否进行人力资源的适时必要补充。

然后是系统保障。

严格对应以上的管理流程，去构建信息化支撑系统，全面推进公司的组织数字化、业务数字化。

将管理流程中所有最小环节的关联性（包括事与事、事与人、人与人），全部在系统中予以一一对应，并根据**上一动作确认闭环、下一动作自动启动**的系统设计原则，将**"待办"**作为节点流转标志，将执行进度可视化，再结合组织的 IM **消息推送**能力，定期提醒责任人/干系人关注节点完成度、判断推进有效性，彻底将**"人不知道在什么时间点做哪些事"**变为**"具体的事在需要做的时候能精准地找到人"**。

最后是及时优化。

信息系统不断强化所带来的最大变化，是让各种复盘不再是常规的项目管理的阶段性后置行为，通过各类过程性的数据实时统计分析的可视化呈现、各个节点是否存在异常情况的触发式警告、每个关键节点是否可能存在执行不及时或不到位的主动性预警等机制，可以很直观地反映出业务进展中每个节点直至每个人的状态，具备随时复盘每个动作是否按预期闭环进行并及时优化的基础（小到透视动作的完成质量、效率，中到人的状态，大到审视整体拆解的合理性）。

做没做？做得好不好？问题在哪里？是事、人，还是规则导致的？**用事实说话、数据为证，黑盒变白盒**，就是这么神奇。

项目/业务管理是个极为复杂的系统工程，我们正在尝试用基于标准化的系统实现简单化。

再往深里说一句：我们正在逐步用系统实时保障或快速优化每一个动作的确定性，去对抗人的执行甚至决策的不确定性。

无限进步

极限创业——如何在逆境中突破与创新

■ 班铭阳

0预算打造全国乡村旅游重点村的乡村振兴班班长
策划落地百亿资深文旅项目群、产业融合、酱香酒文化的班老师
"极限创业"思维与方法的提出人和实践者

穷则变，变则通，通则久。——《周易·系辞下》

开场部分

近年来，每到年末，总有人喊："今年是最难的一年，但也是未来最好的一年！"

我知道大家都感受到了很多压力，但我们也明白，我们能改变的只有自己！因为如果我们面对压力和极端环境时，都没有勇气和智慧做出必要的调整，那突破困境就只是一种遥不可及的幻想，这必将导致企业悲壮告别。

所以今天，我想提出一个非常有价值的概念，关于如何在逆境和极端环境中生存和突围——极限创业！

我的甲方是这样形容我们的："你和你的团队就像一把锋利的剑，指哪打哪，各种高难度的项目，你们都能做好！"是的，我们就像一支特种部队，专门执行各种不可能的任务！我经常开玩笑说，我们的专业其实是治疗各种疑难杂症！

我们团队是做专业咨询和创业孵化的。我们的任务不仅仅是主创，更是统筹协调，确保项目在各种困难的情况下都能顺利推进。我们服务的项目投资规模数以百亿计，范围从只有3厘米的品牌设计策划到广阔的112平方千米的产业规划。我们服务的客户包括中国最小的乡村，也包括顶级的企业，甚至世界500强企业！

今天，让我们一起体验极限创业——**在逆境中突围并取得成功**！我将和大家一起探索极限创业，相信它一定能帮助我们在这个竞争激烈的世界中脱颖而出，让我们一起开启这场刺激又有趣的冒险之旅吧！

极限创业的概念和背景

极限创业是指在极端条件下，在充满挑战与不确定性的环境中，追求卓越、突破，最终成功的创业实践。极限创业是一种创业方式，更是一种生活态度和心态。它代表勇往直前、敢于冒险的精神，是追求卓越、突破极限的行为。

那么，为什么在逆境和极端环境中创业如此重要呢？

逆境和极端环境对创业者带来了巨大的挑战。当我们处于经济萧条期或者资源极度匮乏、竞争十分激烈的情景下时，中小企业面临着巨大的生存压力，甚至可能倒闭。然而，正是在这些困境中，一些勇敢的创业者通过极限创业的方法找到了突围的途径，并创立了伟大的企业。

回顾历史，我们可以看到世界上有许多伟大的企业是在经济萧条时期和极端的逆境中诞生的。在中国，华为、腾讯、阿里、小米等公司也都是在经济低迷的时期或者在极端的逆境中崛起的。它们通过突破传统模式，以"互联网＋"的创新理念赢得了市场的青睐。

当下，我们正面对着逆境和极端环境的挑战，极限创业的重要性更加凸显。在竞争激烈和不确定性增加的商业环境中，只有勇于突破自我、勇敢面对未知的创业者，才能发现自己的潜力，实现个人和社会的共同进步。

接下来，让我们共同开启极限创业之旅！

案例部分

案例 A：资金极限挑战——乡村振兴奇迹：零预算打造乡村旅游重点村

◇ 项目背景

2018 年，将一个名不见经传，缺乏旅游资源、业态和产品的普通村落——贵阳花溪龙井村，零预算打造成区域旅游示范村。

◇ 极限场景

1. 缺乏资金：从一开始就没有资金，各级干部的话就是"我们没钱"。

2. 缺乏资源：村里没有什么旅游资源和产业，第一产业农业因土地资源少，发展得不好；第二产业只有一家磨豆腐和一家偶尔酿酒的小作坊；第三产业只有两家快要关门的农家乐。没有特别出众的旅游资源，风景很一般，村庄面貌也缺乏特色。没有投资人，也没有可以投资的项目。

3. 缺乏人才：村里没有专门的人才，需要进行人才培养，而且 90% 以上的年轻人都已经外出打工了。

4. 缺乏信心：村民极度渴望发展，但对项目持怀疑态度。

◇ 项目策略

1. 重新定义目标——识别困境，洞察机遇。

2. 将"无用"转变成"有用"——让看上去没有用的资源（如村民、院子等）变成有价值的资源。

3. 实在没有的就"借"——借用一切可以借用的资源和流量，突破各种资源短缺的极限场景。

4. 极限超低成本的探索和测试——快速迭代和持续改进。

5. 发动群众全员参与——边干边训，组建运营团队，实现可持续发展，打造独特的品牌形象。

◇ 项目历程

1. 深度调研和预判：对全村进行入户访谈调研，了解村民的需求和想法，同时还通过市场预判，准确锁定客户群和产品内核。

2. 重新定义目标和资源：从打造乡村旅游示范点，到建设农民低成本创业平台，转变思维，将一切都视为创业资源。

3. 建立和打响品牌：打造了"一个龙井村·百个布依坊"的口号和"百坊布依"的定位，鼓励村民全员参与推广。

4. 超低成本测试：通过活动，邀请游客参加，同时进行产品和业态的迭代。

5. 低成本招商：尽管条件简陋，但是以诚意和创意打动了投资者，开启了招商项目。

6. 低成本人力资源——全民皆兵，村民的创业潜力被充分激发出来，村民都参与了项目。

◇ 项目成果

到2022年，龙井村已经发展成远近闻名的3A级景区和全国乡村旅游重点村，拥有文化非遗、餐饮小吃、乡村集市、演艺娱乐、农场研学、园林茶苑等50多家旅游业态，最高单日客流量超过1万人次，单日最高营业收入超过60万元。

60%以上的年轻人选择返乡创业或就业，打造了"百坊龙井"的品牌。整个村庄充满了活力和希望。

◇ 案例启发

这个案例证明了，在面临困境时，不要放弃。**只要有信念和努力，总会找到一条通向成功的道路**。

即使在资源极其匮乏的情况下，通过明智的策略、合理地利用现有资源以及群众的全员参与，也能创造出巨大的成功。

这就是极限创业强大的韧性和创新精神的展现，对于所有面临资源短缺挑战的个人或团队，都是一种极大的鼓舞。

案例B：特殊环境极限挑战：一张图的力量——寻找区域新的价值和机遇

◇ 项目背景

在没有预算且仅有一个月的情况下，我们需要评估跨越三个山区乡镇的新环线是否值得投资，此评估结果将影响政府是否在计划外进行大规模的投资。

◇ 极限场景

1. 价值不明确：新环线项目在5年前就已经被提出并多次评估，然而，是否应该执行、何时执行以及执行后能带来多少价值，都尚无定论。

2. 财政压力：地方政府的财政压力巨大，我们的评估任务在第四季度开始，要求在年底前完成决策并动工，这几乎是不可能完成的任务。

3. 技术卡点：在选线过程中，遇到了极大的困难，当前的设计无法通过。

4. 特殊时期：评估开始于2020年，如果决定执行，那么在2021

年和 2022 年的建设期间，将面临许多不确定性。

5. 预算短缺：由于项目尚未立项，我们完全没有预算支持。

◇ 项目策略

1. 重新定位——探索环线的其他可能，环线不仅仅是环线。

2. 深度调研和预判——调研整个新环线的全面的资源和潜在价值。

3. 极限推进——既然这是个 5 年前就已经多次评估的项目，那么我们就直接朝着推动整个项目的目标行动。

◇ 项目历程

1. 完成全面的资源和潜在价值的调研。探索出**将交通路的基础设施功能转化为景观道路、产业道路和文化道路**，发掘了它在旅游方面的潜在价值，从而成为一个独特的线状旅游产品，提升区域的整体投资价值。

2. 重新定位项目功能。根据新定位和目标进行区域的产业策划和规划，从仅仅看一条线极限转化为站在区域高度进行整体规划。

3. 重新选择路线，解决选线的技术卡点。

4. 最终通过一张全息大图展现未来可以创造的价值，清晰表达复杂的规划内容。

5. 包装项目，提升投资价值，以招商需求推进决策。

◇ 项目成果

项目在 2023 年年初正式通车，所有预设目标逐步完成。这条路已经成为网红风景道，同时也成功地吸引了 30 亿元的文旅和乡村投资，被投资商视为评估投资的不可或缺的基础设施和旅游核心资源。

◇ 案例启发

这个案例向我们展示了在面临一个价值不知道、技术解决不了、特殊环境摆脱不了的极限挑战时，依然可以通过对项目的深入了解和探索，从重新定位开始，然后做好战略定位和规划，把一个困难的问题转化为一个巨大的机会。这正是极限创业的核心理念和方法之一。

案例C：竞争激烈的极限挑战：开启新赛道与行业发展

◇ 项目背景

我从贵州省酿酒工业协会文化专委会秘书长和酿谱文化公司创始人的角度，在**市场集中度高、竞争激烈**的环境中，为贵州酱香酒中小酒企寻找一条生存与发展之路。

◇ 极限场景

1. 市场集中度高，竞争极度激烈。
2. 行业发展趋势波动大。
3. 学习曲线陡峭。
4. 初始资源和资本有限。

◇ 项目策略

1. 重新定位——重新寻找切入赛道，培养新的客群和形成新的销售体系。
2. 深度调研行业情况——避开主赛道的激烈竞争，寻找一条适合自身企业的小路，避开直接市场竞争和减少行业趋势波动的影响。
3. 借用资源——充分借助外部合作资源，缩短学习曲线。
4. 采用精益MVP（最小可行性产品），多轮次、低成本测试与验证，实现快速迭代。

◇ 项目历程

1. 通过深度调研和行业预测，确认并验证需求是否存在。

2. 借力国家职业培训，开办酒旅培训研学班，低成本完成第一轮 MVP 测试。

3. 研发自己的课程体系并对特定客户群体进行分群测试，同时联合产区中小企业供应链，服务新的销售体系，开始第二轮 MVP 测试。

◇ 项目成果

第一轮测试反馈良好，第二轮测试正在推进中。

◇ 案例启发

此案例告诉我们，在极度竞争的市场环境中，传统的直接竞争可能并不是最佳策略。**通过寻找新的切入点，避开直接的市场竞争，找到新的客户群体，并利用外部资源和精益 MVP 的策略，可以快速地测试和迭代自己的产品和服务，从而找到一条新的生存和发展的道路**。这正是极限创业的精髓所在。

极限创业之道

极限创业之道为：**重新开始的勇气＋深度调研预判的基础＋极限转化的信心＋低成本测试迭代的能力＋有凝聚力的团队**。

重新开始的勇气

在逆境中，创业者要敏锐地洞察问题所在，并拥有重新开始的勇气。在重新开始的过程中，识别困境，洞察机遇。

深度调研预判的基础

极限创业需要全面地、深度地了解所在的行业或者区域。只有全面了解，才能全面创新。

极限转化的信心

在资源匮乏的情况下，创业者需要利用现有资源，将看似无用的资源转化成有价值的创造力。重新定位和整合资源，将其转化为创新产品、服务或业态。

创业者应超越传统思维，勇于突破现有的框架和限制，通过新颖的理念和方法解决问题，寻找市场的独特机会。

低成本测试迭代的能力

面对快速变化的市场环境，创业者需要具备灵活适应和快速迭代的能力。通过低成本的试错和快速反馈，不断改进产品、服务和运营策略，逐步适应市场。

有凝聚力的团队

发动全员参与，组建运营团队。在极限挑战下，团队的凝聚力和执行力至关重要，要激发团队热情和创造力，一起应对极限挑战！

在创业旅程中，极限创业是我们很可能会遇到的情况。拥有重新开始的勇气是面对逆境的关键；深度调研预判则是破局的基石，让你在竞争中立于不败之地；极限转化的信心是释放创造力的钥匙，化薄弱为强大；低成本测试迭代的能力则是持续进化的驱动力，时刻保持领先；而有凝聚力的团队，他们会共同奋斗、激发潜能，化梦想为现实。只要你坚定信念，勇往直前，极限创业将成为有无限可能的征程！

面对快速变化的市场环境,创业者需要具备灵活适应和快速迭代的能力。

无限进步

在创业的路上,在学习的路上

■ 陈芳强

终身学习者
连续创业者
效率工具达人

不知道你有没有经历过躺在床上翻来覆去，睡不着觉，起床、躺下无数次的情况？我有过，它主要是因焦虑引起的。

人为什么会焦虑？大部分人是因为对于自己以当下的能力，在未来能发展成什么样子而感到不确定。

大家好，我叫陈芳强，来自湖南长沙。我在摄影行业创业了13年，今天非常荣幸能够和大家分享我的创业故事和个人成长的心得体会。在我的创业道路上，我经历了很多挫折和困难，但是通过苦练基本功、不断学习，从焦虑的状态中慢慢走了出来，现在正在朝着自己的梦想而努力奋斗。下面，我将从三个方面来聊聊我的成长过程，我是怎么一步一步地从迷茫到笃定的。

打造核心能力，重新起航

在 2020 年 3 月以前，我虽然一直在摄影行业工作，但没有什么核心的能力，做的都是一些行政方面的杂事，没有能力在这个行业从 0 到 1 开一个店。

有一次，我跟美团的销售聊天，聊到王兴写的内部信，其中有关于苦练基本功的内容：

"苦"是指我们要调整好心态，这不是一个仅仅满足自己新鲜感的事情，甚至可能会有些枯燥。我们要努力建立好的机制，让"苦"转化为大家的成就感。"练"是核心，知易行难，看起来简单的动作要重复做、反复做，争取一遍比一遍做得更好。每天提高一点点，只要能坚持，就能产生指数效应，将我们的能力提高一大截。

我很受启发，在 2020 年 3 月下定决心，重新起航。我开始思考，如果我要开一个摄影店，我需要具备什么能力？获客、销售、产品、组建团队，我发现这些能力自己一个都不具备。

我仔细地思考，我可以去哪里学习怎么获客？W老师就出现在了我的脑海里。

我通过微信联系他，表达了我想去他公司上班的想法。他以为我在开玩笑，他怕我放不下姿态，心里有落差。

挂了电话以后，我就自己开车从老家跑到了他的公司，告诉他我是来聊上班的事情的，他看到我出现时惊呆了。

聊了半天后，W老师跟我说，虽然你是老板，但是你没有做过基层员工，所以你现在要从0开始，先掌握一个让你有竞争力的技能，这是社会生存的基础。最后，我们确认好我第二天开始上班，主要负责美团点评的运营，我自己暗暗下定决心，一定要做到这个部门的第一名。

我决定通过拉长上班时间来加快自己的入门速度。我先找好对标对象，通过学习别的城市做得好的摄影店，研究这些店铺的成功之处，并将它们应用到自己的工作中。

在这个过程中，我发现要做好美团点评有几个非常重要的点：团单的销量、店铺的评价量、头图的点击率、详情页。这4点可以帮助我吸引更多的客户和提高销售额。基于这个认知，我逐渐总结出具体的打法。

怎么增加团单的销量和店铺的评价

1.跟每个店的老板沟通为什么要做这个事情，统一认知，沟通好绩效考核办法。

2.做一个图文和视频教程，教门店的员工怎么引导客户在平台下单和发好评。

3. 门店也需要提升服务能力和交付能力，客户才愿意分享和发好评。

如何做好首图和详情页

1. 大量地做加法：把一线城市和二线省会城市排名前 10 的店铺的所有头图、详情页下载到印象笔记里面，按技术店和非技术店来分类。

2. 专业做减法：让公司里年龄在 20—25 岁的女孩子提供建议，听取部门里面的运营老手的意见，筛选出合适的图片。

3. 交给美工做参考，重新设计素材，在平台上面测试获客成本，留下好的素材。

我从 2020 年 3 月开始，一直做到 2020 年 11 月，通过大量的实践和学习，建立了美团点评的运营审美，掌握了美团点评的运营技能，包括如何创建和管理商家账户、如何优化店铺页面、如何制订有效的营销策略等等。**这些技能帮助我在竞争激烈的市场中脱颖而出，吸引了更多的客户并提高了销售额，**最高峰的时候，我一个人负责 15 个账户的运营，业绩从 0 开始，做到了每个月 80 万元，算是完成了第一个阶段建立核心运营能力的目标。

搭建团队，持续奔跑

在这个时候，我又跟我的人生导师 W 老师沟通，表达了我想出去开店的想法，他给了我非常有价值的建议。

首先，W 老师告诉我，我已经具备了个人核心竞争力。这意味着我已经拥有了一些独特的技能和知识帮助我在市场上脱颖而出。例如，我擅长市场营销、数据分析和客户服务等。这些技能让我在竞争激烈的市场中有优势，并吸引更多的客户。

其次，W老师提醒我，即使我已经具备了个人核心竞争力，也不一定能够成功地打造一个好的店铺，因为一个好的店铺需要更多的因素支持它的发展。例如，良好的产品或服务、优秀的管理能力、优秀的销售团队等等。如果缺少这些因素中的任何一个，都可能导致店铺的失败。

因此，W老师建议我在他的公司中继续沉淀自己的能力，并寻找机会将它们应用到更广泛的领域中。他说："你可以从一个部门开始，看看能否把你的能力复制给他们。这样不仅可以帮助你更好地了解公司的运作方式，还可以让你学习如何管理和领导一个团队。"

这个建议对我非常有启发性。它让我意识到，要想成为一个优秀的企业家或经理人，不仅需要具备个人核心竞争力，还需要具备团队管理和领导能力。只有这样，才能真正实现从0到1的目标，打造出一个成功的企业。**要想经营好一家店，需要不断地学习和成长。只有不断地提升自己的能力和素质，才能在竞争激烈的市场中立于不败之地。**

不过，仔细思考后，我还是决定自己开一家儿童摄影店。我一边实践，一边学习，前期没有足够的资金，所有的事情都是我自己做，整个人就像打了鸡血一样，每天都工作到晚上11点以后。

很快，我就被"打脸"了，单一的美团渠道所获取的客人没有办法满足一个店的正常运转。

于是，我开始找新的渠道，不得不找人接手我手上美团点评的运营工作。

正好，W老师的公司里有个我以前的同事想离职，我问W老师我能不能招这个人？W老师的格局很大，直接把人叫过来，我们聊好意向，就把人招了过来。

通过跟同行的沟通，我确定了第二个要发展的渠道是小红书，但是我没做过小红书。

不会，怎么办？我又拿出了我学习美团点评的方法来研究小红书。我慢慢摸索出了如下经验。

怎么进行小红书"种草"？

1. 大量地做加法：把关键词叫××风格的帖子搜索出来，将点赞量高于1000的帖子全部截图，收藏链接，保存到印象笔记。

2. 专业做减法：请教公司里的销售、摄影师、化妆师，筛选出合适的图片，总结出什么是爆款文章的标题、什么样的封面图片点击率会高。

3. 挑选出好的作品，组织技术人员拍摄。

4. 将挑选出来的最好的笔记进行微创新测试，看笔记效果如何。

用同样的方法，继续跑通抖音渠道。

那么，解决获客问题以后，我是不是就赚到钱了？并没有。

创业是一个系统问题。当获客问题解决以后，我开始碰到销售转化的问题。当解决完销售转化的问题以后，我又碰到了产品的交付问题。

通过解决一个又一个问题，业绩也在稳步增长。

在这个过程中，我首先搭建了运营团队，接着搭建网销团队、建立运营中心，帮助多个门店提升业绩。目前，所有门店的业绩都在增长。

虽然在前期启动的时候，我遇到了很多问题，但只要方向是对

的，持续地总结、复盘、迭代，坚持做下去，就会有一个好的结果。

遇到一堂，科学创业，未来可期

我跟一堂结缘是在 2022 年的大年初五，我发现，原来还有一群这样的人，他们在苦练基本功。原来创业是有科学方法的，不一定要先下场，把钱都亏完了，才发现某个生意是跑不通的。某个生意行不行，可以用五步法拆解，做好调研，就能知道。

我跟着一堂学习了个人成长、一堂五步法、科学销售、项目管理等一系列的课程，一步一步地从焦虑变得笃定。

我在制定目标、执行目标、总结复盘，再制订新的目标的循环中成长起来。

我给自己制定了新的目标：想再与一堂一起成长 10 年，持续影响身边的 1000 个人，深度连结 100 人，把科学创业传播给更多的人。

我在一堂学习，我在长沙创业。

原来创业是有科学方法的,不一定要先下场,把钱都亏完了,才发现某个生意是跑不通的。

无限进步

AI 时代生存指南
——来自 2035 年的一封信

■ 大熊老师

TOP20 大学商学院特聘讲师
央企上市公司数字化转型顾问
AI 创新导师

亲爱的大熊：

这是 12 年之后的你，在 2035 年写的一封信。

2023 年，ChatGPT 不期而至，在全球引发了一阵不小的波澜。

彼时的你可能认为，这是科技、商业乃至全人类发展的一个重要分水岭，因此有一些期待、兴奋、焦虑和不安，这样的情绪是完全可以理解的。

因为一些偶然的不可名状的原因，我获得了向你发送这封信的机会，我不确定你能否在正确的时间完整地接收它。因此，我把最重要的三点列在下方：

1. **在你的时间点，关于 AI 未来的预测，大多数可能都是错误的。**
2. **在充满未知和不确定性的时代，你要如何安然自处？**
3. **关于未来 AI 与人的关系，你应该如何判断？**

在你的时间点，关于未来的预测

公设一：越简单的系统，越容易预测；越复杂的系统，越难以预测。

欧几里得在《几何原本》里，构建了一个简单而精确的系统。你可以通过严密的逻辑推导，得出一个必然的结论。在几何的世界里，可以通过推导与计算，获得精确的结果。

在地球生命的大系统中，从最简单的微观层面观察，几乎所有生命在 DNA 层面都具有非常相似的结构，DNA 分子长链上的碱基排列次序就是遗传信息，其精确程度堪比欧氏几何，可以重新编码、替换，培育出我们想要的具有某种特性的转基因作物。而从大尺度的宏观层面上看，数不清的动植物、微生物与地理、气候相互影响，星球之间的影响，构成了我们眼前纷繁复杂的世界，这个世界一刻不停地在变化着。在如此复杂的系统面前，人类不断地构建各种模型以作出解释，而在预测方面，却显得非常后知后觉。

同样，在你所处的时间点，人们对于通用大模型为何会出现尚不得而知，所以只能用"涌现"说明。而要预测其影响，无异于一只巨大的蝴蝶，在太平洋的彼岸不断扇动着翅膀，而远在亚洲某个沙滩上的人们，面对扑面而来的海啸，除了目瞪口呆，就是百思不得其解。

2023年，有一家叫华为的公司，发布了盘古3.0大模型，我想借用它进一步说明。

如下图所示，盘古大模型如同海面上的冰山，而在冰山之下，是由AI算力资源、服务器、人工智能框架、AI开发平台构成的AI底层的基础设施。

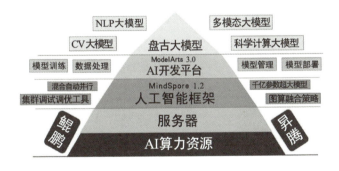

图片引用自浙商证券报告《华为盘古大模型研究框架》

如果我们进一步放大海面上的冰山，可以看到它由三层结构组成，L0层有5个基础大模型，L1层有N个行业大模型，L2层有X个细分场景应用，即"5＋N＋X"。

普通人和大多数的企业、组织能够接触到的，是由大模型引发的技术变革所带来的各行各业的应用形态，这些创新构成了更为复杂的

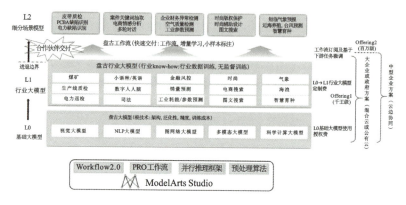

图片引用自德邦证券报告《华为盘古大模型开天辟地》

商业、社会生态。想想自从苹果在 2007 年推出了第一代智能手机，我们的生活发生了多么巨大的变化。

假如你可以回到 2007 年，你能够想象到后面会发生的事情吗？这一系列剧烈的变化，完全不在你的认知范围之内。

AI 的变革，远比移动互联网更加深刻，因此，在你的时间点，所谓的资深专家对于未来 AI 的预测，有可能大部分都是错的。

在你的时代，也许唯一比较确定的事情是，无论 AI 如何发展，对底层算力的需求是非常庞大且不可或缺的。

和地球的生命系统一样，越底层、越简单，确定性越高，而越往上、越复杂，则充满了未知与不确定性。

在充满未知与不确定性的时代，如何安然自处？

如前面所述，你处在一个变革的大时代的开端，如果再加上变化加速度，系统将会更加复杂，更加充满不确定性。

那么，普通人和组织该如何安然自处呢？

公设二：一阴一阳，谓之道。

想象一下，来了巨大的台风，狂风呼啸、电闪雷鸣，所到之处山摇地动、摧城拔寨。但神奇的是，台风的正中心有一个台风眼，那里反而是一片晴空、万里无云。

动与静，相互依存，就像是硬币的两面。

这个安静的台风眼，就是你的"确定之地"。就像 AI 大模型底层的算力资源，越底层越简单，确定性越高。你如果安住于"确定之地"，便可以"以不变应万变"。

靠头脑思考，是无法寻找到"确定之地"的。意识本身就是一场永不停歇的风暴，虽然在你的时代，大脑是已知世界中最为复杂的器官，经过了数亿年的自然进化，但是与 AI 相比，其进化的速度还是远远赶不上。

"确定之地"深藏在你的心里，长久以来被你忽视，这里蕴藏着你创造力的源泉，这里有你底层的根技术。

这种创造力源泉是每个人与生俱来的，由三部分构成：

T-talent（天赋）：在某些方面，你有着远超他人的特质与禀赋；

P-passion（激情）：某些事情，能够令你忘我地投入，乐在其中；

C-conviction（信念）：面对不确定、不被认可和困难的局面，有坚定不移的信念。

在你所处的时代，绝大多数人终其一生，并未认识到自身巨大的价值，或者无法充分地将其发挥出来。他们反而投身于呼啸的台风之中，试图去抓取或索求一根救命绳，或者寻求一个看起来比较强壮的人或物的帮助，以为这样便能够在变幻莫测的风暴中获得一片安身之地，实现自己的目标。

结果可想而知。

天赋、激情与坚定的信念，就像是你创造了某个RPG（角色扮演游戏）中的角色，虽然你赋予了他足够的潜力，可是你一直待在新手村里，从来没有探索广阔的世界，也没有不断打怪升级，将这些潜力逐步显现出来。

是的，你走出新手村，需要路径，即地图。

我将为你描述其中一种路径，分为六步：**自信—破界—回归—定位—迭代—时间**。

1. **自信**：确认你内在的天赋、激情与信念，感受内在的自信。

2. **破界**：在认知上，需要破界，通过学习理解一个新兴的趋势、市场需求、行业，这个趋势正在以十倍的速度快速发展。

3. **回归**：在行动上，回到自己过去掌握的核心能力，即能够最大限度地发挥你的天赋的事情，看看这些事情在新的趋势里，有没有什么新的机会。

4. **定位**：在破界和回归之中，寻找到一个准确的生态位。在这个生态位上，你做的依然是自己非常擅长的事情，同时你能够感觉到它虽然充满未知情况，但前景广阔。

5. **迭代**：在实践中，新的人和事物不断涌入你的生活，他/它们迫使你不断学习，不断提高自我。虽然不断面临挑战，但你能感觉到自己内在的激情与创造力的涌动。

6. **时间**：剩下的，相信时间的力量。随着你不断自我更新，时间会放大你的成果。虽然可能遭遇各种困难与波折，但你内在的信念告诉你，你正在离目标越来越近。

最后，每当遭遇挫折，你的想法不被人理解与认可，你变为少数人时，记得一次次回到"确定之地"。就像你玩游戏通关失败，你的背包里有一个道具，能够将你传送到一个安全的地方，在这里休息、疗伤、汲取力量，重新确认自己的天赋、激情与信念，然后再次出发。

关于未来 AI 与人的关系，你应该如何选择？

2023 年 3 月 29 日，包括特斯拉总裁马斯克、苹果联合创始人史蒂夫·沃兹尼亚克在内的 1000 多位高科技人士，联合未来生命研究所，呼吁所有 AI 实验室立即暂停比 GPT-4 更强大的 AI 系统训练至少 6 个月，直到为此类设计制订由独立专家审核过的共享安全协议。

这个事件引发了媒体和公众的广泛关注，人们不禁想问："面对可能到来的通用人工智能时代，人类准备好了吗？"

公设三：生产力决定生产关系，生产关系适应生产力。

受限于我们已知的信息，我无法与你讨论 AI 与未来人类命运这一宏大的话题，我们将视角聚焦于个体层面，谈一谈 AI 与个人的关系。

在工业化时代，人类要解决的主要问题是物质不足以满足人类社会的生活需求。通过社会化大生产、专业化劳动分工与价值交换，构建了以资本货币为核心的商品市场经济。

工业化社会普遍需要劳动者，即具备专业能力和掌握知识与技能的人。虽然也有管理者与知识型工作者，他们从事着比较有创造性的工作，但这与主要的人群比起来，仍然是极少数。

而在智能化时代，人类主要解决的问题是在物质生产能力已然过剩的情况下，如何解决贫富差距、饥饿、健康、教育、医疗、环境等可持续发展的问题，增进全人类共同的福祉。

因此，智能化社会普遍需要什么样的人呢？如果具备专业能力和掌握知识与技能的人，即劳动者被更具优势与更低成本的 AI 所取代，那么，未来的人要如何工作呢？他们存在的价值在哪里呢？

我们来做一个实验，假设人的意识水平有频率，可以用数值衡量，我们用相似的模型，也为 AI 设定一个意识频率，并给双方打分。

于是，我们就得到如下 3 个范围。

1. **你的意识频率高于 AI，你是"创造者"**。即你是 AI 的导师，AI 是你的助手，你们是协同进化的关系。在电影《钢铁侠》中有所表现，斯塔克与他的 AI 助手贾维斯。

2. **你的意识频率与 AI 相当，你是"协作者"**。即你和 AI 是协作关系，你通过 AI 学习，通过 AI 管理和工作；同样，AI 也在向你学习，也通过你工作，你们是融合共生的关系。

3. **你的意识频率低于 AI，你是"被替代者"**。即你的工作被 AI 替代了，也许到了那个时代，工作会成为一种"权利"，你不需要为了生存而奋斗，你需要找寻存在的意义，可能会陷入"意义危机"。

我们可以想象，到这个时候，商业和社会以及组织形态都将发生天翻地覆的变化，人和自己，人和人，人和组织，人和社会之间的关系可能都需要重新定义。

如果我们继续做实验，为"创造者"描绘一幅画像，会是什么样的呢？

我们用以下 3 个经典的问题来描绘。

1. WHY？（为什么要创造？）同理心、使命感、创造力。

对世界、社会、他人的需求与问题感同身受，从而愿意有所担当，能够通过系统的方法，提出"好问题"，明确"真需求"，这是创造力的来源。

2.WHAT？（创造什么？）设计力、架构力、建模力。

以人为本，将技术可行性、商业策略与用户需求相匹配，从而转化为客户价值和市场机会。

3.HOW？（怎么创造？）协同力、迭代力、进化力。

在与 AI 协同工作时，根据任务性质与需求，来确定人与 AI 各自的分工与角色，以充分发挥各自的优势，并不断根据反馈进行迭代，保持好奇心，自我更新，协同进化。

以上我所传递的信息，也许都是错的。

虽然，我在 12 年后给自己发送了一封信，但是，这并不意味着，12 年后你一定会走向我，成为我。

宇宙并不是一幅墨迹已干的图画，相反，它生机勃勃，每时每刻都有无限种可能。

虽然我来自未来，但我无意于扮演"教师爷"，自以为是地试图成为你的指路明灯，这实在是非常愚蠢和可笑的。

你的未来，取决于你当下的每个选择。

而我之所以会有机会发送这封信给你，是因为我如此地爱你！

祝福你！

爱你的大熊
2035.5.4 于南太平洋大溪地

你的未来，取决于你当下的每个选择。

无限进步

让学习与成长不再痛苦

■ 邓振怀

北京大学管理学硕士
做过 5 年 HRD
连续 10 年创业
著有《小团队管理场景实战》

前段时间，我回老家，带着小孩玩游戏机。旁边的一个老奶奶跟她孙子说："不要打游戏，打游戏不好，影响学习。"这句话让我一下子穿越到 30 多年前，那时我跟小学老师"捉迷藏"，找机会就去游戏厅，然后被逮住，受处分。

记忆太深刻，导致我在潜意识里觉得：不要打游戏，打游戏不好，影响学习。

玩游戏真的影响学习吗？

玩游戏是很开心的，为什么会把玩游戏和学习对立起来？

因为游戏会把一个人的全部心思都抓住，让人在其中投入大量的时间。在普遍的认知里，游戏是没有价值的，而学习是非常有价值的事情。当游戏占用了人大量的心思和时间，人就没有心思和时间做增值的事情。

这背后有两个问题：**游戏没有价值吗？游戏为什么会让人不自觉地投入**？

游戏有没有价值？

游戏并不等于网络游戏、游戏机，这些仅仅是游戏的一部分。在没有网络和电子游戏的时代，足球是游戏、丢沙包是游戏、打牌是游戏。在更古老的时代，吟诗作对是游戏、象棋和围棋是游戏、摔跤是游戏。

其实游戏只是一种形式，装进不同的内容，就会呈现不同的价值。游戏的形式让足球变得更有趣，可以更好地体现锻炼身体、增强集体荣誉感的价值；游戏的形式可以让吟诗作对变得更好玩，可以让更多人参与诗词歌赋的学习；游戏的形式可以让摔跤更有吸引力，可以鼓励勇士的涌现。

所以,游戏就像一把刀,关键看是谁在什么场合下使用。

游戏为什么这么有吸引力?

我买了一个叫《德国心脏病》的桌游,里面有一个铃铛、一副水果牌。玩法很简单,比如玩的是数字4,桌上发3张卡牌,谁先喊出数量为4的水果并拍响铃铛就赢了,赢的人获得这一回合的卡牌,最后看谁的卡牌多。

我的孩子很喜欢玩,每次都跟我说:"爸爸,我们好久没有玩水果牌了,今天晚上一起玩好吗?"

我想教孩子认数字,玩了这个游戏以后,他很喜欢认数字。

这就是游戏的魔力。因为好玩、有趣。

对于成年人来说,这样的游戏可能有点简单,而成熟的网络游戏做到了极致。网络游戏会马上给你行为上的反馈,比如杀怪,会马上跳出一个失血量;给你成长的路径,比如积分、等级、荣誉;给你很强烈的感官刺激,比如漂亮的画面和与游戏相匹配的音效;给你一些挑战以及完成挑战之后的奖励,比如完成某些特定任务可以获得独特的道具、皮肤。

总有人很武断地说:"游戏不好。"**但是你看看游戏的背后,都是美好的东西。**

为什么会有即时反馈?因为人会在得到反馈之后调整自己。

为什么会有等级?因为人都想变得越来越好。

为什么会有感官刺激?因为人是有审美的。

为什么会增加有难度的任务?因为人是希望去挑战并且赢得挑

战的。

其实不是游戏多么有吸引力，只是游戏顺应了人的天性，让这些天性释放出来而已。

如果把游戏不仅仅应用在娱乐上会怎么样？

让学习变成游戏

很多人对于学习也是有刻板印象的，比如"头悬梁，锥刺股"，比如"书山有路勤为径，学海无涯苦作舟"。不是痛苦的煎熬，就是日复一日的勤学。还有 10000 个小时理论，以及作为例子的郎朗从小被逼着练琴。

先不说对错，但至少存在一个疑问：这么痛苦、煎熬，哪来的心流？哪来的效率？就像我上高三的时候，数学虽然没怎么花时间，但是因为喜欢，不自觉就进入了心流状态，成绩好；而英语花了很多时间，但是因为不喜欢，心不在焉，成绩很差。可以得出一个结论：**如果喜欢某种学问，学习可以不用 10000 个小时**。

游戏就是一个能让人产生兴趣，然后持续投入其中的很好的方法。或许学习可以不那么痛苦、煎熬，事实上，在学习中运用游戏的方法并不少见。比如用游戏的方式学会玩游戏是最常见的例子。"是兄弟就来一起砍我"之类的网页游戏做得很极致，使用了保姆级、手把手的新手引导方法；而《王者荣耀》的游戏化学习是最成熟的，规则本身就简单，易上手。除了常规的新手引导，《王者荣耀》还有针对不同英雄和操控技术的人机练习场。比如在小孩的启蒙教育中，游戏几乎是不可或缺的方式。在洪恩识字 App 中，不仅每个字都包含了玩的部分，而且每天对前一天的复习也是通过游戏的形式来进行的。除此之外，还有各种热销的基于启蒙教育的桌游，既有趣，又能学到东西，我家的小孩很喜欢。

相对而言，在成人教育领域，虽然也有一些做得不错的例子——记单词的 App、知识问答、户外拓展训练等，但并没有像启蒙教育那样深入和有价值。

是因为游戏不适合成人学习，还是不适合成人教育的核心场景——企业？

企业内的游戏应用

成人的学习场景主要有几个：企业、学校、机构。企业是成人教育最主要的场景。从一个人进入职场的职业化培训，到专业领域的技能培训，再到管理培训、领导力培训等等，企业承载了成人教育的大部分场景。

是不是企业的目的性、功能性、实用性的特性，让游戏缺乏应用的土壤？

恰恰相反，游戏在企业中的应用非常多。

在培训学习领域，应用最多的是两个方面：**团队拓展和沙盘课程**。团队拓展是通过在团队游戏中的体验，让员工对培训主题有所启发。沙盘课程主要是通过对真实场景的模拟游戏，实现培训主题的引导和启发。我之前也苦于干货式培训的效果，之后开始结合课程内容，设计对应的沙盘游戏，比如参考类似《大富翁》的经营游戏，提升管理者对于经营的认识。

比较活跃的企业内部的游戏应用都不是在培训学习领域，而是在另外两个领域：一个是对客户的营销设计，另一个是对员工的激励设游戏就是一个能让人产生兴趣，然后持续投入其中的很好的方法。

计。前者早已超越了会员积分的范畴，与AI结合，开发了一些不错的项目。后者主要被新一代的年轻人推动，在内部实操的过程中，出现了一些效果不错的游戏应用。我在企业经营过程中，早期采用的是积分、等级、排名的模型，之后开始套一些游戏的框架，比如《王者荣耀》的英雄角色，现在开始引入一些游戏的玩法，类似任务、及时反馈等模式，年轻人的积极性得到了很大的提高。

到这里，我们至少可以得出一个结论：**企业场景的游戏应用可以做得很深入，但是在内部学习端，依然很传统。**

成长是根植于基因的需求

很多企业在讨论Z世代的管理问题，说他们说不干就不干了、不听话、对工作不上心。这总让我想起当年作为批判靶子的"80后"。那时候，报纸头版头条叫我们"80后"是"垮掉的一代"，然后是"90后""95后""00后"，就像击鼓传花，换汤不换药，代代相传。

我相信不管是我们"80后"，还是Z世代，对于下面几个问题，有相同的答案。

想不想有更好的物质条件？

想不想有一群人以你为榜样？

想不想获得实现自我价值的机会？

不管是哪个年代的人，答案大概率是肯定的。为什么？因为基因告诉我们要强大、要抢占更多资源、要复制更多自我，因为人的本质需求并没有产生太大变化——生理、生存、归属感、尊重、自我实现。所以，**想要变好、想让自己成长是一种根植于基因的需求。**

如此强烈、根源性的需求，我们不应该用"痛苦、煎熬"增加阻力，而应该提供更多的动力，让学习这条成长的主要路径变得通畅起来。

一个职场人游戏化学习的可能

游戏是一种形式，能够让事情变得有趣、好玩，产生吸引力。很多人对于学习一直存在误解，以为需要经历痛苦、煎熬的 10000 个小时，才能到达彼岸，忽略了个人的意愿、心流对于学习的作用。不管是儿童启蒙教育，还是成人教育，游戏正在发挥巨大的作用，现在已经有了许许多多的实践案例。

成长作为根源于基因的需求，采取游戏的方式，就可以成为水到渠成的事情。

这里有一个职场游戏化学习的可能，可以提供一个全新的解决方案，它有两个前提。

首先，要基于科学的原理和方法。儿童启蒙教育是基于儿童教育的体系，营销和激励是基于人性的需求。学习和成长的底层是需求，具体的工具、方法必须是科学的、经过时间检验的，比如管理要做科学管理，职场人游戏化也要用科学的工具。

其次，要达到刻意练习的效果。如果只有科学的原理和方法与游戏相结合，但是无法落地的话，就违背了游戏的初衷——不落地的游戏仅仅是游戏。刻意练习需要模拟现实，提炼要点，持续地训练。一个真正的游戏解决方案不应该是一次性的，而是可以持续地玩、挖掘、探索、训练。如果《王者荣耀》不耐玩，玩一次就走，对于这个游戏来说那叫夭折。

重塑学习之道，解锁发展新契机

作为 HR 出身的连续创业者，我始终把人的成长摆在第一位，把成就他人作为自己的使命。在过去这两三年里，写硕士毕业论文和写书（个人著作《小团队管理场景实战》于 2023 年 4 月公开出版）给了我深入思考和整理 20 多年实操经验和知识体系的机会。

很幸运，我找到了职场人游戏化学习的方案，在历经数十场测试之后，获得了非常好的评价。

我有一个小小的心愿：**在未来的 20 年里，希望让大家学习不痛苦，成长更有趣、更快，成就更多的职场人和企业。**

无限进步

回归当下——生命最有力量的一刻就在当下

■ 郭剑

执业律师
心理咨询师
一堂创业者讲师营讲师

大家知道游泳高手需要具备一种能力，那就是耐力。作为一名游泳爱好者，我最大的自信就是我虽然游得不快，但我游得久，然而，2019年夏天的"海难"经历让我明白：越纯粹，越幸运。下面，我就分享我的这段"海难"经历。

2019年8月25日16时许，我看了一眼海中锚泊的那艘船身与海岸平行的带桅渔船，心想那船停了一天都没动，它停的位置应该就是这个海滨浴场的边界，那我游过去上船拍个照应该没问题。带着这个想法，我一头扎进海里，游向那艘船。随着时间的流逝，海浪越来越大，涌起的海浪慢慢遮挡住了我平视的视野，我全然不知危险正在悄然靠近。终于，我看到了在海浪中摇摆的船身、有些斑驳的船尾甲板，甚至有那么一刻，我感觉船尾触手可及。我游啊游，却发现怎么游都游不到船边，更糟糕的是我不光靠不近船，还被海浪撞击船身所形成的水流从船尾方向带到了船头方向。这时候，我才意识到退潮了，我很容易被海水推入大海深处！遂决定掉头往回游。可是我遇上强大的退潮海流了，无论我怎么使劲往回游，下一个劈头盖脸的大浪就会再次将我推向深海。

我的泳速根本就敌不过海流的速度，跟海浪一番搏斗下来，不久我就体力不支了。我不再执着于迎着海浪游到波峰，再出水换气，而是选择省力的方式，潜游过波峰，到波谷出水换气。出水换气的高度越来越低，稍有不慎就会被海浪拍在脸上，呛几口海水。很快，我的肚子就被灌饱了，吸气越来越短。我开始慌了，感到了一阵惶恐，急切地环顾四周海面，希望能够找到一块木头，甚至一根稻草。随着体力的衰减，我的力气越来越小，开始不能控制自己的身体。人在恐慌的时候，脑子里就会开始胡思乱想，当时的我就出现了这种情况，我想到了中午烧烤时，媳妇做的烤羊排和烤大虾，想到了在北京大学法学院诉讼诊所课上，做模拟法庭练习时的场景，甚至想到了我难道要去见我因急性心梗于 2016 年突然去世的父亲了吗？

但就在这最危险的时候，我的头脑中还有一个想法在不断地提示我：**不要放弃，我今天不可能折在这**！于是，我开始竭尽全力地让自己摒除杂念，放慢划水动作，专注地感受海水与手臂、腿之间的对抗，及时调整每次划水的幅度、节奏以及每一次吸气和吐气的时长与间隔。随着呼吸的顺畅，我不再感到害怕，慢慢学会了与海浪共存：一边承受着海浪对自己的蹂躏，感慨着人类的渺小；一边回想起《老人与海》的故事，坚信自己能够游回岸边。同时，我还感受到除了要把我推向深海的退潮海流外，还有一股反向的海流在把我推向左前方。于是，濒临溺水的我仿佛抓到一根救命的稻草一样，不假思索地便顺着这股海流向左前方游，以期尽快游回岸边。

然而，时间不等人，我越来越疲惫，还开始抽筋了。我失去了一瞬间的意识，仿佛沉入了深渊。但是，我的毅力和信念并没有崩溃，我的内心始终有一个声音：我一定能够游回岸边！在成功绕过逆流区后，我终于找到了救命浮木——一根根从岸边向海中延伸的系放养殖笼和浮球的养殖缆绳。浮在水面上的养殖缆绳，让我得到了些许喘息的时间；恢复一些体力后，我借助养殖缆绳，慢慢游回岸边，当我最终在沙滩上站起身来时，时间已是 19 时许，距离我下海时已经过去了约 3 个小时。

其间，一艘摩托艇的轰鸣声由远及近地在我不远处响起，然后又迅速驶向了深海方向。事后我才知道，这是岸边的家人发现我不在视野范围内后，连忙恳求已经上岸、准备回家的摩托艇驾驶员下海去找我；搜寻无果后，又打了海难救助电话，但救援队认为已不可能生还。

在这次"海难"之前,同大多数人一样,我没有经历过生死抉择的时刻,没有感受过身陷绝境的无助。但是,这次"海难"让我懂得了一个道理:**若不是在危急时刻,及时停止各种胡思乱想,坚定一个信念,竭尽全力地让自己专注于当下的每一次划水,我可能真的无法在这次"海难"中自救生还!面对压力,只有清空杂念,我们才能专注于行动,从而战胜困难,取得胜利。**

这是一个注意力稀缺的时代。我们生活在一个纷繁复杂、快速变化的世界里,社会的节奏很快,以至于很多人每天从清晨醒来的那一刻起,就陷入了一种莫名的焦虑中。我们的大脑总是在不停运转着,不是在想这件事,就是在想那件事,甚至同时在想好几件事。**我希望你们能停下来,花上哪怕 1 分钟的时间来想想,上一次自己的头脑什么都不想是在什么时候?**

杜伦大学针对 135 个国家的 18000 名受试者的研究显示,"什么都不做"会让 10% 的人产生负罪感。这 10% 的人认为,停下来是可耻的,忙碌才是社会地位的象征。哲学家韩炳哲说,这种焦虑不仅仅来自个人,还来自"功绩社会"的建构,来自一种"内化的资本主义",它催生大量过劳的抑郁症患者和倦怠的人。很多时候,你的精神状态都非常拧巴:卷又卷不动,躺又躺不平。一方面,我们通常会强烈认同"所有的努力都不会被辜负""所有的付出都不会白费""想站在更高峰看更美的风景,就要付出比常人更多的努力",并享受着辛勤工作的成果。另一方面,我们又会在日益"内卷"的社会中感到焦虑和沮丧,害怕失败或贫穷。

很多时候,我们被各种思绪淹没了,头脑就像一个繁忙的十字路口,各种想法、念头来来往往、川流不息。刚解决其中一个念头,又会冒出来另一个,甚至同时出现好多个。尤其是在压力日渐逼近的时候,那真是思绪纷飞、备受煎熬的时刻,而我们不知道该怎么应对。可悲的事实是我们如此分心,以至于我们不再处于自己当下生活的这个世界。哈佛大学有一个调查显示,我们的大脑有将近47%的时间是迷失在各种思绪之中。同时,这种持续的"大脑徘徊",也是导致人类不幸福的直接原因。

"海难"自救生还的经历使得我能够感悟当下,对当下有了更深的理解。我指的是不在思绪中迷失,不分心,不被"太多的内心戏"弄得不知所措,我学会了如何觉察此时此刻,如何变得专心,如何活在当下。我认为当下这个时刻被严重低估了。它听起来如此平常,所以我们只花那么少的时间来对待当下,其实它绝对不平常。

我曾经看过一篇文章,写一个峨眉山挑夫,他五十岁的样子,瘦削的身体挑着有120斤重的货物,他左右摇晃,每一步都小心翼翼,但是他每一个台阶都走得稳稳当当。当有人惊叹:"天啊,你每天都这么挑,累不累啊?"他说:"我有一句座右铭——一辈子就是一阶梯,所以我不会累。"他还说:"我一开始做挑山工,真的很累。我就这么背着重东西走山路,走上两个小时,人就已经累趴下了,但是前面还有这么长的路,我必须站起来继续走,所以负担很大。走了几个月,我干得非常辛苦,我看其他人虽然辛苦,但也不至于像我这样。那一两年,我非常烦恼,爬山爬得很不痛快。有一次,我爬到茶棚子附近休息时,碰见一个挑山货的老人家,我没有见过他,他对我说:'教你一个方法——你每爬一个阶梯,就全神贯注地盯着这一个阶梯,脑子里不要想上面还有几千、几万个阶梯没爬,下面已经爬了多少了,这些都不要想,一丝都不想。你也不要想什么时候能爬上山顶,更不要想明天还要来一次,你就把全部心思都放在脚下的那一个阶梯上,你的脚踏上去、踩上去,就是那一个阶梯,你要每天都坚持这样做。不要分心，分心了也不要紧，爬下一个阶梯的时候再聚精会神起来。'他说完，我就将信将疑地继续背了。那个老人家在我后面走，一开始还能看到他，后面就不见了。

"我试着用他说的这个方法，一开始老是分心，还觉得自己很蠢，怎么会相信这个陌生人呢？我后来慢慢地发现，真的做到全神贯注后，确实是不累了。不过一开始，我只能做到短时间的全神贯注，半个小时就好像只走了半分钟，一回首，哎呀，怎么走得还挺快的啊。我才发现老人家没有骗我。

"后来，脑子里的想法越来越少，杂念越来越少，常常走得很忘我。走的时候，并不觉得多么累，而且越来越轻松和享受。因为我不去想前面还有多少路要走，所以我没有对山顶的期待，我只走脚下的这一个阶梯。**我发现，人的一辈子就是这一个阶梯，没有什么前面的几千万个阶梯和后面的几千万个阶梯，你其实永远在当下的这一个阶梯**。所以，我的座右铭就是：一辈子就是一阶梯。"

狄更斯说过："一个健全的心态比一百种智慧更有力量。"世事善变，我们无法确定明天和意外哪个先来。一辈子就是一阶梯！就是当下这一刻！不要分心，分心了也不要紧，及时给自己喊个"停"，及时把自己从纷飞的思维中拉回当下，在下一次吸气的时候再聚精会神起来。比如，吃饭就好好品尝食物的美味，感受每一种食材的味道；再比如，陪伴家人就把工作放下、一心一意地陪伴。总之，无论是生活还是工作，我们都要把重点放在眼下真正重要的环节上，保持专注，并预判相关事宜的未来。

我有一句座右铭——一辈子就是一阶梯,所以我不会累。

无限进步

感谢裁员，让我开了咖啡馆，圆了餐饮梦

■ 何静

40多岁的单身创业宝妈
弹性素食推广者
不药而愈践行者

我叫何静，大家也叫我静子、静静、静静子，本科学的是电子科学与技术专业，也就是传说中男女比例为 20∶1 的专业。每当大家想静静的时候，我总是忍不住想打喷嚏。

本科毕业后，我从 IBM 的 Helpdesk 实习生开始做起，后来做过电路城（Circuit City）的跟单员、安费诺（Amphenol）的产品/研发工程师，一路做到了高科技美资上市公司研发中心的项目经理（PM）。但是，好景不长，在公司轰轰烈烈的组织架构调整中，我们团队的员工陆陆续续被裁，在短短的几个月内，整个部门就化为乌有了。

可能之前的人生路真的太顺利了，升学、恋爱、结婚、生娃毫无障碍。人嘛，总是对自己的第一次重大挫折记忆深刻，所以第一次被裁时，我真的非常难过，觉得天都快塌了，并陷入了自我否定当中，把被裁的原因全部归结于自己，觉得自己能力有限，没有为公司创造更多的价值。直到现在，我还很清晰地记得，那天天空灰蒙蒙的，飘着零星小雨，HR 经理把我叫到办公室，先肯定了我对公司的付出和努力，然后讲述了公司组织架构调整的需求，以及我的离职日期。听到这个毫无征兆的通知，自以为坚强的我，强行忍住了快要掉下来的泪水，不得不接受公司的安排，默默地开始整理所有要交接的项目。其实回过头来看，被裁是有很多蛛丝马迹的，可能因为过于"傻白甜"，所以没有一点点察觉和防备。例如，之前有一个工程师因为从梯子上摔下来，得了脑震荡，请了半年病假，回来上班才 1 个月，就被公司以不能胜任职位为由辞退了。这还不算什么，让人震惊的是公司只给了他 1 个小时时间收拾东西和交接。我们除了震惊之外，也都没太细想，大家都以为只是个案。

自从被裁后，我在一段时间内没了方向，没了重心，对自己的未来感到十分困惑,每天在家里魂不守舍的。我知道自己是一个闲不下来的人,为了找到人生的方向,开始搜集各大商学院的资料,准备通过深造去找未来的路。

首先,我排除了国内的 MBA 课程,理由很简单,可能是因为理工科背景吧,我不想学一些一眼看上去就比较空洞的课程。其次,不想报 EMBA,一方面是因为贵,另一方面是不想混圈子。当时的想法很简单,就是选个学风好的香港 MBA 课程,系统学习一下商业体系,补一补短板,运气好的话,还能拿个学位。考虑到那时候宝宝还小,需要陪伴和照顾,所以我最终选择了深港联合办学的浸会大学 MBA 课程。也正是因为被裁,我的时间相对自由,被动地当了班长,在任期内的 2 年,带着班委一起,组织了跨年级以及班级内部大大小小的活动。毕业时,总成绩排到了全班前五,获得了全球 Beta Gamma Sigma 组织的终身会员奖。

由于被裁后时间多,学校组织的台湾地区和德国的游学考察我就都能去,同时完成了台湾环岛游、欧洲 6 国自驾游,一边学习,一边看世界。其实我对台湾不陌生,以前出差在台北工作过几个月,但是因为是工作的状态,经常加班赶项目进度,只有周末才能抽时间去周边游走,不像这次有这么集中的时间深度体验当地的文化和风情。

都说女生有 3 大梦想——**开咖啡馆、开花店,环游世界**。我后来去了欧洲,随处可见的带轻食的咖啡馆,那些美食、那种氛围、那种人们在咖啡馆的状态,激发了我和 MBA 同学想要回国开一家属于我们自己的咖啡馆的想法。

回国后的我们,并没有立即开店,而是分头学习专业的知识,怀着敬畏之心进入这个陌生行业。于是乎,在我们初步学完一些课程后，通过我们咖啡老师的引荐，与当时香港最大、最资深的专业咖啡培训机构 Coffee Pro 建立了联系，并成功将这个品牌引进深圳，在南山粤海街道管辖范围内开了一家我们自己的咖啡培训中心，提供国际咖啡认证课程，为咖啡师提供专业、系统的咖啡国际认证培训，以及为想开咖啡馆的人提供一站式的解决方案。我们自己也逐步通过学习和考试，拿到了 Q-Grader（阿拉比卡咖啡质量品鉴师）认证和 SCAE（国际精品咖啡组织）认证的国际咖啡烘焙师、咖啡金杯萃取师、咖啡品鉴师证书。

半年后，我继妈妈得了肠癌后，也体检出来得了甲状腺癌，好在老天眷顾我，癌还在早期。在 7 月 31 日做的手术，9 月份我就已经在深圳福田 CBD 即将要开的第一家法式风格的带西餐的咖啡馆的工地上了。品牌跟培训中心的一样，还是 Barista Pro，翻译过来就是"专业的咖啡师"，是当时为数不多的有设备、带国际认证咖啡培训、自烘焙咖啡豆，并且为其他同行供应咖啡豆的咖啡馆，也是行业内为数不多的经营了近 9 年，经历过疫情的洗礼，到现在仍存活的咖啡馆。

我也是够折腾，完全不顾自己的身体，跟着合伙人以一年开一家大店的速度，先后在深圳和佛山开了咖啡馆，并于 2018 年带资入股，操盘了一系列 Cafe All 品牌的主题咖啡馆。那时，癌症也不能提醒我关注自己的健康。机缘巧合加上年少轻狂，我在一年内连开了 6 家不同模式的网红主题咖啡馆，风靡一时，在大众点评上进过区域垂类前三名、在抖音饮品类也进过全市前三名。

2019 年，妈妈去世了，走的时候因为癌痛和瘫痪很痛苦。然后，我的婚姻破裂了，女儿很快进入了青春期。虽然工作一直没停，但是我还是抑郁了，不想说话，不想见人，回家只想躺着，完完全全把自己"包裹"起来。当我终于有一天察觉到自己的不对劲的时候，我开始拼命地学习，上了一稼老师一年的幸福人生课程，涵盖了目标管理、事业营、情感营、精力营，真的好不容易才逐步走上正轨。在此，真的感谢一直陪伴我的姐妹们。

2021年，我又体检出来血脂高，虽然从小在医院院子里长大，家里都是麻醉世家，但天生恐惧吃药，笃信是药三分毒，听说吃素食对身体好，就开始了解素食与健康，加上自己多年开咖啡馆的经验，从而萌发了想开一家素食咖啡馆的想法。在做了市场调研后，我手握素食汉堡全市前三的资源，带资进入素食轻餐赛道。虽然没料想2022年的疫情如此严重，但还是靠着口碑，多次蝉联区域榜一、全市前三名。接下来，**我希望大家不要走我的老路，好好珍爱自己，身心都健健康康。我就在城市的一角，寻觅一个带院子的场所，提供低油低盐的素食轻餐，点一盏灯，照亮自己，也照亮有缘人**。如果你恰巧在深圳，欢迎走进来，开启一片小世界。我们欢迎你的到来，一起轻松地吃健康的手工素食西餐，一起喝咖啡、喝茶、玩卡牌，把自己的心情拿出来晾晒一番，轻松一下。

写在后面的话

我平时除了去国内外咖啡店探店、打卡之外，还特别喜欢逛画廊、艺展、博物馆，誓要将艺术融入生活、融入未来要做的品牌中。我相信我找到了一种不断提高审美的方式，即在平日里多看、多积累素材，对这个五彩缤纷的世界保持热爱和觉知力，从而把握住风向，打造出引领潮流的门店。

没人知道的秘密是：**这2年来，通过调整作息、多素少荤，在不吃药的情况下，我的血脂恢复到了正常指标。**

很多人来到门店，经常会问我是不是信仰了宗教？其实并没有，就是简单地让身体以最自然的方式获得健康。作为弹性素食的推广者，我倡导一周7天，每天3餐，其中只要有1餐吃素食，就已经是初阶的弹性素食者了。如果有一半的时间吃素，那就是很厉害的高阶弹性素食者了。我争取在未来3年开50多家素食咖啡馆，让更多的人享受一周一素，身体轻松又健康。

最后，感谢裁员，让我有机会重新找回自己。**我开始修行，开始回归自我，真正接纳不完美的自己，好好爱自己，找到此生的使命，这样才能帮助有需要的人。**我也期待有缘人的加入，助力更多的人健康地生活。虽然路途遥远，但是有梦想的我们，加上科学创业的理论和实操，未来真实可见。

对这个五彩缤纷的世界保持热爱和觉知力,从而把握住风向,打造出引领潮流的门店。

无限进步

提升个人与组织的创新力

■ 金子

组织创新力教练

DT. School 设计思维认证商业引导师

斯坦福创新认证导师

盈创咨询创始人

作为服务于个人与组织、以提升创新力为目标的商业教练，我经常会遇到客户提出类似以下的问题。

- 员工不积极主动，什么都得老板安排，没有新想法和有效动作，不会主动创新和迭代。
- 中高管的全局意识不够，执行力和专业度可以，但是没有站在更高的视角，或者自己干可以，但带不动团队。
- 部门不能站在客户视角做协同，有事总是相互推诿，对客户满意度造成不良影响。
- 在快速增长期，员工规模快速扩张，团队管理跟不上业务发展，导致员工离职率提高，招聘和培养新人的成本高，影响交付能力。
- 当前面临公司变革期，但是基层员工和部分中高管出现消极抵制的状态，使得变革措施举步维艰。
- 公司愿景和使命只是口号，不知道如何才能落实到团队的行为中并凝聚人心。
- 面对竞争越来越激烈的市场，到底如何才能创新产品或服务，以获得业绩的增长。

……

统观在冰山表面浮现的各类问题，藏在冰山下的原因往往来自**员工、团队、组织**三个层面。一个组织是否具有创新力，是否能够在市场中持续创新、持续增长，需要识别当前组织的卡点是在员工的创新意识、团队的创新能力，还是在组织的创新机制上，而内核与老板的格局与领导力息息相关。

创新在不同的人看来有不同的含义。有的人把创新定义为和以往的产品或服务的差异，有人把创新定义为基于客户需求变化的跟进迭

代,也有的人不喜欢这个词,认为创新只是提出一堆天马行空的没有可行性的想法,没有任何意义。这些都是客户给我的反馈。

我不在这里定义创新这个词汇,仅仅分享一些我个人对创新类项目的粗浅思考,和您相互交流学习。

从企业创新的目的来看,毋庸置疑,在商业环境里,创新要带动企业业绩的增长,这是客户的第一诉求。势必需要紧贴市场需求,提供有匹配度的、有优越性的产品或服务。先抛开行业趋势及典型业态规律,无论当前你选择的是红海市场,还是小众冷门赛道,都需要考虑如何持续洞察客户深度的动态的需求,不断探索顾客以更高价购买、持续购买的诉求点,并聚焦满足这些需求的产品或服务的效率及质量。这里面涉及大量的对市场的深度理解与洞察,也考验某家公司在这个领域的深耕程度,而不仅仅是经营时长。同时,从某种意义上来说,这涉及个人与组织的通用能力——创新能力。

从业务创新的分类来看,有相对短周期的 12 个月内的渐进式创新,有 1—3 年的非连续性创新以及更前瞻的颠覆式创新。从我接触到的客户来看,多数企业是在原有业务的基础上,进行产品或服务的优化与迭代,抑或增加延展品类或服务,来提升当前产品的附加值。

少量未雨绸缪或者被市场痛击后不得不断臂求生的企业，面临着需要跨越原有业务，创造第二曲线、定义新的客群与市场的问题。有时候，我们回溯这些危机出现的原因，当然往往有外部因素，另外，也能普遍看到，内部是否强化敏锐捕捉市场需求的机制、对当前业务可能产生的自满心态、缺乏洞察市场的能力等等，也是常见的问题。

从企业的创新力构成来看，涉及企业对团队创新意识的激发与创新的多维能力的构建。所谓的创新意识，斯坦福大学设计思维体系提供了非常重要的五大理念：**好奇心、重构问题、通力协作、关注过程、行动导向**。这五大理念都建立在以人为本的基础上。如果在企业的团队思考与协作过程中，贯彻了这五大理念，就能够获得在创新力上的重大突破。简单阐述其中两个理念：

对于创新而言，出发点是好奇心。因为新的信息要进入我们的视野来获得新的解决方案，前提是我们开始放下对以往固有的经验或思路的执着，用开放的心态面对当前的危机或困境，思考到底还有什么是我们没有发现的。这里首先需要解决的就是对现状的接纳问题。在做咨询及教练的时候，我往往看到个人与组织不愿意面对"我之前想错了，才导致现在这个结果"的事实，面子问题所带来的挫败情绪往往是创新的大障碍。有时候，我们需要回归初心，看我们的目标到底是什么，是共同探索新的解决方案重要，还是固守"我没有错"有意义？做个人与组织的创新赋能，往往需要从调整心态开始。

再说重构问题，当我们卡在当前困境中的时候，如何跳出原有的认知范围，获得一个新的视角。对当前问题进行重新审视，找到背后隐性的假设，再验证这些假设的合理性。从目标出发，重新定义这个问题，往往是开始着手解决问题的开始。在设计思维的五大理念中，重构问题还包括对人的同理心的重构，不仅仅只从事的维度重构。这个问题到底是谁的问题,与这个问题相关的关键利益者都有哪些,这真的是个问题吗?**在重构问题的环节,将会打破原有的思维框架,获得突破的视角。**

以上先简单讨论了两个理念,这是创新意识层面。在创新能力上,如何找到突破口,如何将创新的点子落地,尽快找到与市场需求匹配的点,这也是创新执行中的关键问题。这涉及多个能力维度,包括**同理能力、洞察能力、想象能力、行动能力、迭代能力、协作能力**。

在此,也说明一下其中几个能力。

关于同理能力,我观察到,在数据化的浪潮下,企业越来越关注以数据定义的需求结构。毋庸置疑,大数据极大地提升了效率,但是对客户的情感与需求的深度洞察,很多时候数据是难以捕捉到的。冰山模型大家用得很多,客户的语言、文字、表情、动作等等,可以通过各种检测机制进行记录,而这些往往是冰山上的数据。而客户内心的决策逻辑、对产品服务的满意/不满意的诉求点、购买或复购的理由,数据却难以体现。有些客户哪怕有着同样的工作环境、同样的职场内容、同样的经历背景,都未必会产生同样的内在需求。单纯从冰山上方进行归纳与提炼是不够的,那些触动人心、撩拨情感的消费决策点,那些使用产品或服务中所产生的情绪曲线,都可能蕴含着让企业的品牌产生差异化的核心依据。

关于行动能力,创新的行动方法不是如同盖大楼,定了图纸方案和目标,拆解计划,一步步落实就行了,创新所面临的问题,往往不是靠以往的经验就能解决的,而是需要战胜新挑战。当我们面临卡点,原有的业务形态难以取得市场好的业绩时,意味着我们之前的经验已然过时了。我们想尽办法采取的措施,可能存在某个盲区，也就是没有现成的经验和框架供我们参考了。我们当下面临的问题，往往是棘手的问题。这时，我们不仅仅需要创新的想法，更重要的是如何能让需求与技术、商业融合，具备可行性与商业的持续性。所以设定目标，只是提出了一个假设，重要的是如何能够更快速、更低成本地验证，并更快速地迭代，这是创新的关键之一。创新中的行动力、假设的成败不重要，重要的是要尽快找到那个符合市场需求以及具备商业持续性的内核。还记得之前提到过的好奇心吗？好奇心的另外一层含义就是，永远不要觉得你想的就是对的，而要在行动中了解规律。

商业结果由组织创造，组织效能由一个个员工产生（这里的员工泛指组织内的所有人，包括老板、中高管和基层）。一个遵从以客户为导向的公司，往往是一个关注个体员工成长的公司。当我们回归内部视角看组织创新力的时候，自然会聚焦个人的创新力。**一个具备创新力的员工，势必会在个人发展、个人能力以及个人发展意愿上与企业目标产生一致**，同时认同创新五大理念，也掌握有效同理客户、深度洞察的方法，知道如何低成本地、快速地进行原型测试，以更高效率地找到真正有效的方案。这是培养创新人才的目标，也是企业未来在面临不确定性因素时必须储备的能力。

而这一切的源头，是顶层的愿力，也就是老板的个人愿景、视野与格局。 一个以客户为导向、重视员工与公司长期发展的公司，老板肯定会有利他之心。利他之心能够让人放下自己的固有观念与傲慢心态，站在客户、员工、董事、合伙人、合作商、家人等关键利益人的视角，探索共赢方案。大格局的老板的"我"是小的，更关注的是"我们"。我们这样费心费力构建一个组织，进入一个市场，创造一类价值，也是在借事修人，以人成事，归根结底是一场自我的修行。

愿自己在持续为个人与组织的创新力赋能的道路上，不断修正自我浅薄的认知，在遵守规律的过程中，学习如何真正利他。

向能够读完这篇文章的您致以诚挚的感谢。

（说明：本文用到的创新理论、工具及模型，版权属于 DT. School 所有，特此声明。）

不要觉得你想的就是对的，而要在行动中了解规律。

无限进步

创业者如何修炼心力

■ 婧怡

管理干货女王,陪伴管理者终身成长
正能量传播者,为迷茫的人点灯
两横一竖创始人,十六字复盘口诀传播人

凌晨 2：45，办公区的灯已经全关了，窗外的暴雨还没有停。我坐在自己的工位上，摘下耳机，看了看四周，让眼睛慢慢适应周边的黑暗。

自 2019 年我开始创业起，这就是我的生活常态。虽然看上去和十几年前一样，我还是一副"拼命三郎"、工作狂的样子，但不一样的是，我比原来更快乐、更平和了。

生活中很多事情都是这样，表面看上去似乎是一样的，但是当人的心境变了，一切就都变了，创业者尤其如此。

创业者是一群天天都在风雨和黑暗中前行的人。虽然看上去每个人都在努力地找方向、找资源、找人才，但是有的人内心焦虑、压力巨大，而有的人则内心平静淡定，愉悦地接受一切挑战，虽然踉跄，但是慢慢走出了迷雾。

王皙曾说："静则不挠，幽则不测，正则不渝，治则不乱。"静、幽、正、治是中国人经常提到的大将风度。静指的就是心要稳，要沉着。王阳明也曾说："凡人智能相去不甚远，胜负之决，不待卜诸临阵，只在此心动与不动之间。"人跟人的智商差距其实不太大，决定胜负的要素在于你内心是镇定的，还是慌张的。

创业者，归根结底是在拼心力。

什么是心力？

心力这个词很多人都听过，但是它到底是什么意思，很少有人能清晰地说出来。我认为：**心力 = 个人需求的数量 × 未被满足时的情绪波动程度**。这个数字越大，你的心力越小；这个数字越小，你的心力越大。

我们每个人都有很多心理需求，这是与生俱来的，比如获得别人认可的需求、拿第一的需求、个人成长的需求、保持健康的需求、被爱的需求、富有的需求等等。而当我们经历过很多的事情后，一些需求被满足了，慢慢地，我们真正需要奋力满足的自己需求的数量就会发生变化。

需要注意的是，同一个类型的需求在每个人心中的重要性是不同的。获得亲人的关爱在一些热爱家庭的人心中至关重要，但是在一些"工作狂"心中就不值一提。此外，在不同的人心中，各类需求的排序也是不同的。有的人关注个人成长，有的人则希望有钱，但是不管你的需求如何独特，只要是排序靠前的需求，它未被满足时，你的心境都容易产生波动。

因此，心力强的人就是在发现自己还有需求没有被满足时，会想办法满足。对于那些一直无法满足的需求，则会每次都认真观察它们，并且尽量控制它们的波动，从而让自己整体保持相对平和的状态。

创业者，如何修炼心力？

你可能会说，说起来容易，但是满足自己的需求谈何容易？克制情绪谈何容易？其实，心力和能力一样，都是在遇到挑战时才能得到锻炼。挑战多了，你能看到自己的需求也多了，心力慢慢就练出来了。

下面，我就根据自己的亲身经历，跟大家总结创业者提升心力的三个关键动作。

修炼心力，需要我们先学会面对黑暗

从小到大，我的故事在很多人眼里就是个传奇：作为土生土长的北京姑娘，却在北京住着一掀开被子就能看到一床蟑螂的小破房子；没到 18 岁，就跟国内黑帮斗智；刚到 18 岁，又跟美国黑人斗勇；还没开始上班，身上就背了高达 8 位数的债务。

因为外债，我长期焦虑。谈男朋友，连续有 2 个都因为我家里的债务而与我分手。无数个夜里，我问天问地：为什么要这样对我？还记得，我有一次陪朋友逛宜家，我突然坐在一张白色双人床上痛哭不止，因为在那一刻，我真的好想有一个属于自己的、干净的、舒适的房间，但那时的我，却连学费和生活费都要靠刷碗、端茶、贴海报一点点攒出来。

在那段时间，我一直逼自己使劲赚钱。从不起眼的零工到后来进入 UNDP（联合国开发计划署），再到后来做了管理咨询公司的亚太区负责人，对高工资的追求驱动着我一路奔跑，然而我内心并不快乐，**我好想在最好的年华全力以赴地做一件有价值而我又喜欢的事情**。

这个想法其实是非常"可怕"的。我如果追求内心的喜好，就不得不放弃稳定的高薪收入，而我是家里有债务的人，我真的能那么奢侈地追求自己所谓的喜好吗？没有收入，我和爸妈的生活费怎么办？家里的债怎么办？纠结、痛苦、不甘缠绕着我，我感到十分煎熬。

幸运的是，我没有逃避这个问题，我每天都在尝试找解决办法。

我问过有经验的长辈，问过我在英国留学时的贵人，也问过我周边的好友。除此之外，我还每天问自己，我真的没有别的办法还债了吗？我真的没有办法面对父母吗？我真的愿意一直活在金钱的压力下，不能对自己的生命负责吗？

直到有一天，我的脑海中突然闪过一个念头：我真正强大的地方不是我具备还债的能力，而是即使我有债务压力，却依然可以活出自己的状态。

那一刻，我一下就想通了：如果我一直认为债务是个问题，那说明我还不具备应对它的心力。我就算能赚钱又怎么样，还不是被金钱奴役了？我只有在看似缺失的状态下，依然活得富足，这才能证明我战胜了金钱对我的束缚。

原来，所有的黑暗都怕心中有光。

这之后，我辞职了，开始追寻自己的梦想。

修炼心力，需要我们找到自己

记得在创业初期，我每天都像打了"鸡血"一样，但是因为缺乏经验，不知道如何起盘，也没有任何经商头脑，所以没有什么起色。有段时间，我频繁见投资人，听到最多的话就是："你很有热情，很有潜力。"然后，就没然后了。

我至今记得有一个投资人说："你身上没有钱味。你太干净了。"那一瞬间，我都不知道我应该开心，还是应该难过，或者应该生气。

后来，我结交了不少也在创业的朋友，看到了形形色色的商人在商场上摸爬滚打。他们或者意气风发，或者垂头丧气；他们有的乐观积极，有的悲观谨慎。我慢慢总结出了一点：越是事业上成功的人、富裕的人，很有可能越不快乐。

比如，我曾认识一个32岁的创业者。刚认识他的时候，他骄傲地跟我说："我的公司流水1个亿，利润过千万，刚完成新一轮融资。"而聊了2小时后，他淡淡地说："其实，我想从CEO位置上撤下来了。"因为他内心觉得当前的业务没有任何社会价值，就是赚钱，挺没意思的。可是，他跟公司签了协议，如果离开，需要赔一大笔违约金。

又比如，去年我有一个学员开了8年公司，当时他来找我的时候，状态很不好。他的公司流水和利润都不错，但是他和他的太太都很喜欢玩，喜欢看祖国的大好山河，可是这家公司拴住了他。一方面，他不希望太太不开心；另一方面，又舍不得放弃这笔稳定可观的收入。

试想，如果你是这两家公司的竞争对手，想要抢对方的市场份额，你可以怎么办？不用砸钱、不用抢人，你只需要轻轻地说几句话，并让这几句话在公司内传开，对方就会乱了阵脚。比如第一家公司，CEO最怕别人说自己干的事情没价值，那就让他们全公司都觉得这个事情没价值。又比如这个开了8年公司的学员，最怕因为公司的事情影响他和妻子的亲密关系，那就不断"吹风"，说他妻子多不开心，多想出去游山玩水。

因为你怕，所以你有弱点。孔子说，"无欲则刚"，也是这个意思。而这个欲，就是我们修炼心力的关键。

根据心力的公式，我们先看到自己的需求有哪些，这是至关重要的。具体来说，你要知道自己是谁、你喜欢什么、你不喜欢什么、什么让你快乐、什么让你难过、什么让你痛苦、什么让你愤怒。在这些问题背后，都藏着我们是谁、我们需要什么的线索。

可惜的是，我们从小被要求认真学习各种知识和技能，却没有训练如何了解自己。尤其是创业者，优秀的创业者大多在研究外部客观世界上（关注事）花了大量的时间和精力，早就形成了大脑的思维定式，从而研究内在主观世界上（关注人）几乎没有意识，也很少花时间。

跟这些创业者比起来,虽然我当时看上去没赚钱,家里还欠着债,但是我花了大量时间剖析过自己的思考、行为特征,并且认真地感受自己情绪背后的诉求,因此我对自己的需求理解是很透彻的:金钱与个人成长比,我选个人成长;金钱与做一件有趣的事情比,我选择做一件有趣的事情。所以虽然没有被很多投资人看好,没有"钱"味儿,但是我依然不缺良好的精气神。

在这个世界上,真正能让我们产生源源不断的能量的,就是我们内心的满足和幸福。找到自己是谁、发现自己的真实需求并且满足它,我们就具备了对抗任何困难的能量。

我后来总给周边的创业者推荐复盘。这个方法虽然是商业上常用的一种工具,但是对于我们这些强逻辑、爱分析的人来说,其实也是一个觉察自我需求的工具。通过复盘,我们可以深度观察自己状态的变化,分析心理诉求、情感诉求、物质诉求。帮自己看清自己到底是谁、到底想要什么?今年,我将自己的复盘方法写成了书,希望把这个宝藏工具分享给更多的人,让每个人都能看清自己,知道未来的方向。

修炼心力,需要我们学会爱自己

我们从小受的教育大多是利他的,比如学校一直强调集体主义,但是集体主义是有隐形条件的:爱自己,才有能力爱他人,才能真正利他。

有一次,我和一家即将上市的公司的董事长喝茶聊业务。他侃侃而谈,说他的企业使命、社会价值以及他的个人热情,他还有当地最厉害的政府关系、媒体关系、投资人关系。我听得来劲,就问他:

"你是怎么做到的？太厉害了！"他看着我，铿锵有力地说了几个字："对自己狠。"

后来，我在跟他的高管团队和员工沟通时了解到，这位董事长平时的工作时间超长，且脾气非常暴躁。最近一次，因为竞争对手拿到了新品开发的信息，并且提前发布了产品，董事长直接砸了一个生产设备，为此还躺了2天医院。

想要把公司做大，一定要学会爱自己。

爱自己，表现在三个层面：**第一，让自己的身体保持健康；第二，让自己保持心情愉悦；第三，接受和喜欢自己。**

让自己的身体保持健康，就是遵循身体的运作机制。该起床就不睡懒觉，该吃饭就不饿着，该运动就别躺着，总之，让身体的各个部分保持正常的状态，不多用，不少用。让自己保持心情愉悦，就是让心情在平和中带点喜悦。保持心情愉悦的关键则是知道自己要什么，并且狠狠地满足自己。创业者的时间确实紧张，可是创业者也是人，需要满足自己被爱的需求。即使再忙，也要花时间陪伴爱的人；累了，也要给自己放个假。爱自己还有一个更深层次的含义，就是你要喜欢、欣赏自己，并且不会因为自己的缺点、不足而否定自己。我们不够爱自己的表现之一就是我们总觉得自己不够好。面对其他人的认可，我们不能大方接受；面对其他人的指责和否定，又会很敏感、很沮丧。

创业者都是追求成就、追求卓越的人，但是，我们每个人都是未完成的作品。我们都有自己的优势，也都有自己要慢慢补足的空白。只要我们还活着，就有机会不断学习，成为更好的自己。真的，没有必要跟自己死磕。

修炼心力,我们要走完四个阶段

随着见到的顶级创业者越来越多,我又总结了修炼心力的四个阶段。

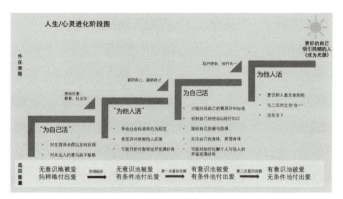

第一个阶段是"为自己常活"。我们每个人出生以后,有很长的时间都是基于生理需要而提出诉求,并且通过哭闹让周边人作出相应的反馈,所以小孩子常常不懂事地想要这、想要那。这个阶段是我们不知道自己真正是谁,但是依然执拗地为自己索取的阶段,所以,是带引号的为自己活。

第二个阶段是"为他人活"。在这个阶段,我们通过家庭中父母的教育、学校里老师的培养,开始意识到什么好、什么不好。如好学生成绩好,好员工业绩好,厉害的人薪资高,优秀的人职位高等等。这个阶段的我们活在社会的标准和行为规范中,我们因为被人认可而开心,因为别人的期待而有压力。我们,是活在外部评价体系里的人。

第三个阶段是为自己活,不带引号。在这个阶段,我们开始主动寻找自己的"根",如自己喜欢什么、讨厌什么,自己需要什么、害怕什么,自己的使命和人生目标,自己这一生如何活才是有价值的等等。此时的我们学会了满足自己，让自己更加愉悦，还会欣赏自己。我们活出了自己认为生命应该有的样子，内心的使命在召唤你，你甚至觉得自己已经变得无畏了。这个阶段，我们就不打引号了。因为你真正地找到了自己，为自己而活。

第四个阶段是为他人活，不带引号。 你意识到你就是我，我就是你。人世间的万事万物是有关联的，没有你我之差，没有二元对立，我们每个人都是一样的。爱自己等于爱别人，爱别人也等于爱自己。因此，这时的你是边爱着自己，边做着利他之事。自己与他人，早已无那么清晰的边界，越来越接近于无我。

到第四个阶段时，心力就已经修炼得差不多了。我们之所以还有很多的烦恼，还会感受到迷茫、受挫就是因为我们还有很多的自我需求，以及二元对立的执念。一旦这些执念消失了，心大了，自我也就小了。

愿创业的路上，你可以绽放自己

我一直说，创业者的心力决定了企业的大小。再大的机会，可以因为你心力不足而无法把握；再小的机会，也会因为你心力强大而牢牢抓住。

在同样的场景中，做同样的事情，当你的心力不同时，你的状态是不同的。这也是为什么，高段位的管理者处理问题时，总给你一种优雅而云淡风轻的感觉，而你面对同样的问题，可能毛躁而毫无章法。

我们每个人都是自己的领导者，都是人生路上的 CEO。欢迎大家以"管理"入道，边学管理技能，边练管理心法，最终活出真实的自己。

创业者的心力决定了企业的大小。

无限进步

科学"吹牛"助力你创业成功

■ 李婕

DISC 咨询顾问

一堂 MBA

短视频创业者

不要被标题吓到，这是一篇很正经的创业文。

一直以来，谈到业务，我的口头禅都是："（帮公司）做业务很简单呀，赚钱很容易呀，增长很简单呀，帮你理理情况呀。"于是，有段时间，我的副业就是给朋友们做增长咨询，单次 3—4 小时，并且通常只做一次（因为我还有主业工作，精力不够）。最差的成绩是帮他们至少节省了一年的时间成本和百十来万元的试错成本，普遍情况是三个月后业绩增长约 50％。这个成绩经常被质疑，但从未被"打脸"。

当然，取得这个成绩不是因为我有多么厉害，而是因为每一位创业者都很优秀，解除一些小枷锁，找到正确的打开方法，拿到成绩就是这么简单。

就是因为太容易了，对我而言反倒没什么成就感，加上这个咨询业务对我的 ROI 并不高，所以现在已经很少对外提起了。

感谢海峰老师和徐剑老师牵头出版这本书，让我有机会梳理这一整套的流程，并取了个轻松的名字——"科学吹牛"。本文是一次我日常咨询时的流水账式记录，没有高深晦涩的理论，请你沉浸式的代入阅读，希望对你的创业事业有帮助。

第一步：要"吹牛"，但不要"吹嘘"

同样是吹，两者有什么不同呢？

吹牛是夸大内容，一般都是没有实力，但又爱装作自己很厉害的人喜欢吹牛，一般没有人愿意和这类人交流。

吹嘘是夸张地宣扬或编造优点、长处，或对人和事过分吹捧。

先说一个被大家忽视的现象：从什么时候开始，我们不再说"个体户"，不再说"私营业主"，也不再提"赚钱"，而是用"创业"这个词概括了创立自己的事业呢？

是在互联网时代，各门户网站对李嘉诚之类的大佬的创业故事的传扬；抑或移动互联网时代对各互联网新贵大佬创业故事的营销吗？

似乎提到"创业"，都会涉及情怀，相关的词语是"帮助""赋能""产业升级"等等。再往回推20年，我们耳熟能详的关于创业的句子有"先帝创业未半"。似乎用上"创业"二字，就十分高级，大家默契地绝口不提"赚钱"二字，甚至都已经做好了赔钱、赔光的准备，只为心中的那份情怀。

吹牛自己要赚100万，和吹嘘自己的创业情怀，对创业者而言，哪个的伤害更大？

我遇到的创业者们都很谦逊、务实，不喜欢讲大话，很难让他们出去四处说要赚100万。

在每次咨询的前半小时里，我都会让创业者们介绍现在的项目情况，不论是已经在做的项目，还是即将要做的项目，共同点是<mark>头绪很多、发力点很散、四处取经后看似得到了很多经验，但回到项目本身，都是硬套上去的</mark>。其间穿插了多次创业者们阐述初心、愿景，谈到的行业标杆案例都是运作了多年，但是依然在亏钱的。

他们说起来滔滔不绝，实则思路是混乱的，并且在潜意识里已经认定了这将是一次失败的创业。此时，如果顺着他们的思路说下去，是没有结果的，所以我都会硬生生地打断，只提一个问题：<mark>"如果今年要在这个项目上赚100万，你会怎么做？"</mark>你信吗？几乎所有人都愣了一秒，然后脱口而出："这个项目我不准备赚钱，就是来回归初心的！"真的，几乎所有创业者都是这样。

当我很笃定地让他们去想100万的目标时，又一次，几乎所有人都会憨憨地笑道:"呀,这还能赚钱呢?从来没想过呢。"眼神中带着纯真(这些创业者中有连续创业者,也有家境很好的富二代,他们是真的没想过赚钱的事)。

当我再次让他们想怎么赚到 100 万时,明显可以看出大家已经接受创业赚钱这个设定,并且认真地思考。当然,一时半会是理不出头绪的,我的习惯是**刨除错误选项,帮助他们快速做减法**。错误选项都是他们一开始在讲解项目时提到的零散的认知、想法、思路,我把它们丰富成一个又一个小想法和小方案。

此时,惊人的相似场面又出现了,哪怕是平时再温柔的妹子,此时都会凛然正色,无比专业地提出质疑:"你不是我们行业的人,你这个认知是有问题的,你这个想法是错的。"然后,告诉我一个相对正确的认知。

随着连续地做减法,他们往往会把一开始的想法全部推翻:一是因为有些想法是强行自洽的逻辑;二是因为他们都在用美好的想法去看宏大的市场,所有想法都是飘在空中的,当落地到"如何赚 100 万"这个具体问题时,就要回归现实,重新掂量一下资金、资源、渠道、产品等,需要找到一个点去切入市场。

此时,这一部分差不多就要结束了,需要他们在咨询结束后,基于目标和手上现有的资源重新做方案了。同时,我还会抛出一个新问题:**"明年能做到翻番或者有 10 倍增长吗?后年能继续翻番或者有 10 倍增长吗?"**

我不会让他们立刻给出答案,但会和他们沟通解决这个问题的思路。

1. 其实大家的能力都很强,强行用资源来换业绩并不难,但这种情况往往伴随着增长疲乏,所以需要和自己对话:是一路跑下去,还是用来赚一桶金而已。调整好自己的心态和预期，并匹配相应的布局和资源。

2.看这个项目的未来规模，其中有市场因素，也有个人因素。毕竟，即便是相同的生意，放量做大和做小生意的区别还是很大的。起盘时的布局和定位很重要，技能可以学习，但格局源于创始人的基因。

搞明白生意模式后，请继续回到"如何赚到第一个 100 万"这个命题，毕竟这是根基，是必须完成的目标。此时，**请找到能完成这个目标的几个关键节点，俗称业务里程碑，并实现它**。每次当我说出找到关键节点时，我的一些客户都会突然兴奋起来："呀，你说的这个是里程碑呀，我这个小生意也能用得上吗？"

为什么不可以呢？当以后业务做大做强，在公司的大事记里是不会出现这一阶段的关键节点的，但在从 0 到 1 的这个阶段，用关键节点来预判，效率是非常高的。

什么是优秀团队？优秀团队一定是练出来的，不停地打仗、打胜仗、打大大小小的胜仗。即便有小挫折，快速复盘后能快速修正，就能增强团队的信心和凝聚力。所以，如何提出正确的问题是每个创业者的必修技能。

经过这一次沟通后，创业者们已经对如何能做成业务有了模糊的认知，即找到感觉了。

小结：**都说创业九死一生，作为普通人的我们，无论是在财富还是心智上，都承担不起创业十次、只成功一次这个后果**。那么，我们能做的就是尽可能地排除干扰选项，排除错误选项，找到那条正确的路径。

第二步：放下傲慢

前面说到，我遇到的创业者们都十分谦逊有礼，毕竟他们都是为了情怀而不求回报的人，他们还有一个共同点，即他们的傲慢往往体现在"审美超前"的优越感上。

当讨论对标案例、行业优秀案例时，他们往往都会说："他们家的产品不行，我们比他们好多了！你不是我们行业的，我跟你讲哦……"通常吐槽完同行，他们就觉得可以结束这个话题了。

你说这些创业者不是产品经理吧，他们对产品很执着；你说他们有产品经理的精神吧，对产品他们又说不出具体的所以然来。他们超级自信，觉得自己的产品好，这个自信中，有一部分是对自己的眼光和初心有自信，另一部分自信是因为有些好产品的确是靠好资源才拿到的。可是，这些不是商业的核心。

以某电商产品为例，某个创业者一直在讲自己的产品比同行的好，就那几句话来回讲，骄傲得不得了，导致进度无法推进，于是我提了一个扎心的问题："以价格体现价值为前提，你一直在说自己的产品比同行好，两个产品的最终到手价都是 99 元，你的成本价比同行贵多少？成本是贵十几二十元，还是仅仅几元钱？普通的消费者能轻易分辨出这几元钱的差异吗？！"答案是几乎不可能。所以，我们往往自以为的产品优势展现在消费者面前时，与别家产品的差异并不一定有多么明显。但同行中头部企业的营销能力一定是我们的很多倍，并且在未来的增长中，这个能力是可以复制到不同产品中的。产品矩阵中最重要的不一定是产品，而是整个有效的业务框架，找到对标企业并细颗粒度地拆解，是我们重要且必做的基础工作。

尽可能地排除干扰选项，排除错误选项，找到那条正确的路径。

通常，我们会当场拆解 1—2 个头部案例，把大家日常在各种课里学到的专有名词结合实际案例解释清楚，搞明白了，创业者们就会发现：好像也不难嘛。当然，很多具体的调研工作，就是之后创业者们的作业了。

小结：**优秀的产品＋不成熟的玩法＝敝帚自珍，优秀的产品＋成熟的玩法＝"王炸"，共勉。**

在有了可量化的目标、删除掉了错误选项、找到了可对标的案例之后，大家就有了方向，状态都不一样了，明显成熟和稳重了。

第三步：研究产品特点和用户需求点

在我最初做咨询的时候，发现大家挖掘的产品特点和用户需求都很初级，有很大的提升空间，而我作为消费者，经常想买却下不了手，所以，我一开始是想站在转化环节做优化。

当然，对于已经存在了一定时间的企业和项目来说，它们的目标不是 100 万，而是"今年如何能翻番或有 10 倍增长"。

但是，我每次就产品特点和用户需求点优化与创业者们沟通了半天，会发现这些都是次要问题，最重要的第一步和第二步都没做好，甚至压根没做，导致整体的输出有问题。

每次咨询总共就三四个小时的时间，做好心理建设、有了可量化的目标、删除了错误选项、研究了对标案例后，其实已经没有什么时间了。几乎所有创业者都是这样，你可以说他不了解用户，他会十分认可；但你说他不了解产品特性，他能昂着脖子跟我掰扯半天，所以，除了一些硬性的问题，我会在咨询中指出，其他的就只能留作业，让他们自行成长了。

我留的作业很简单：①每天沉浸式刷抖音，连刷 7 天，除了看你正在做的赛道，还去看看其他的赛道。②一周在抖音下单至少三个类目，不低于 30 单（金额不限），沉浸式感受用户下单的冲动，深入体验别人是怎么玩的。

总结

读完全文，相信你会有"很平淡无奇，但是好像有点用"的感觉。

看似都在讲意识层面的东西，但实际包含了以下热门词：调研、定位、用户分层、单元模型、产品线、成本预算、ROI、垂直、深耕、核心竞争力等。

我自己从员工到合伙人、到现在锚定目标自己做短视频创业，能体会到身份、视角和格局的变化，同时也忽然明白了之前在各种课程、书本里学到的很多知识点。

现实中的商战大多是朴实无华、有规律可循的。祝你赚到钱、赚到大钱、持续地赚到大钱。

无限进步

七年就是一辈子

■ 林天智

青岛新创投研习院院长
DISC＋社群联合创始人
叁克儿咨询管理创始人

我是林天智，一名理财教育讲师，也是一名想在创业创投领域做出点名堂的创业者。如果你想做好家庭资产配置，为自己的家庭保驾护航，你可以找我；如果你有好的项目，但面临一些增长的问题，你也可以找我。读完这篇文章，你会对我有一个更加全面的认识，我也特别期待未来能成为你朋友圈中重要的一员。

疫情3年过后，很多人的日子并不好过。你身边有没有朋友在那3年里失业的？有没有朋友的企业倒在了那3年？能挺过那3年的，很多人也在苦苦地寻找更多的增长路径。但现在，好像很多人的苦楚都被掩盖在了歌舞升平之下，你眼里看到的是各地的景点人满为患、各地的美食街人声鼎沸，处处都给人欣欣向荣、生机勃勃的感觉，就好像身边很多人的窘境是一种假象。

2020年年中的时候，我离开了我的老东家，一家有着117年历史的外贸公司，16年的陪伴画上了一个句号，原因就是我所在的分公司因为疫情被关闭了，于是，一个上有老、下有小、有房贷、有车贷的中年落魄失业男就出现了。

无论是你的企业也好，还是你的家庭也好，当增长停滞的时候，意味着你面临的所有问题都会被放大。在企业里，无论是渠道的丧失、员工的离职，还是内部管理的混乱等等，一旦增长停滞，这些问题可能都会成为压垮骆驼的最后一根稻草；在家庭里，日常琐碎的小问题也会被放大成不可调和的家庭矛盾，疫情过后，离婚率大涨的新闻也让人颇感无奈。

2023年，对于大家来讲是至关重要的一年。很多人说，2023年有可能是未来10年里最好的一年。我们无法去预测未来，但因为有前车之鉴，所以我们能确定的一点是，在现在这个临界点上，找出一条新的增长路径对于我们来讲至关重要，因为它很可能会成为我们未来很长一段时间里发展的基础。

接下来，我想讲一讲我自己的小故事，希望在你破局成长的路上，能带给你一些启发。

很久之前，我读李笑来的《财富自由之路》，因为这本书，我知道了<u>副业收入打造</u>这个概念。不过那个时候，对于副业，我只是抱着赚点零花钱的想法去做的，并没有想到未来会成为自己的一条重要的增长曲线。机缘巧合，我进入了理财教育这个领域，从学到教，再到为客户做家庭资产配置，到今年已是第 7 个年头了。《财富自由之路》这本书还讲到"7 年就是一辈子"，我自己这段理财教育的经历可算是过了一辈子了。

但是进入金融行业，并不是我最开始的选择。 7 年之前的我，在一家不错的企业里，有着一份不错的收入，身上唯一的标签就是"普通上班族"。如果你现在也是一名"普通上班族"，那我过去 7 年的经历可能会帮助你打造出一条主业之外的增长路径。

这条增长路径，我归纳为一句话：在持续学习的过程中，勇敢破圈。

对于职场人来讲，你的本职工作就是你的核心业务。 从踏入职场开始，你所有的努力都是为了夯实你的核心业务基础，让它稳步增长。但无论是个人也好，还是企业也好，核心业务发展到了一定阶段，或多或少都会遇到增长问题。如果你无法解决这个问题，当你开始原地踏步的时候，就是开始退步的时候。所以，你必须要有意识地去打造自己的第二增长曲线。**打造第二增长曲线几乎是每家企业都会主动探索的事情，但对于职场人来讲，就没那么容易了，很多选择往往是被动的。**

以我为例，选择学习理财，进入理财教育行业，最开始只是觉得钱有些不够花了,需要理理财了,毕竟我经常听到一句话:"你不理财,财不理你。"比较庆幸的一点是,作为标准的理工男,我做事比较谨慎,有了理财意识后,第一反应不是拿一笔钱去股市里试试水,而是想先系统学习一下。这一学,就学出了我后面一系列的破圈成长的故事。

线上学习是一件很神奇的事情,教育的不公平现象在线上得到了很大的改善。你可以非常系统地学习你想学的内容,也可以跟随最顶尖的老师,学习他们的专业课程。学习理财,我从"小白"课学起,基金、股票、可转债、保险、家庭资产配置,甚至后面的港股打新等等,从基础学到高阶。另外像"得到"上一些名师的课程,如香帅、张晓燕、薛兆丰、刘润、徐弃郁、何刚、宁向东、何帆等等,这些老师的课程我是一直跟着学的。再到后来学习 AFP/CFP、基金从业资格等等,一步一步往更加专业的道路上走。

当然,线上学习的弊端也很明显,因为它的监督机制很弱,你必须有很强的自主学习能力,很自律地完成学习任务。这里教给大家一个小妙招,线上学习一般会有社群,如果社群运营有体系的话,通常会在学员中招募班委等角色。如果你想学有所成,一定要申请当班委,倒不是班委会被"开小灶",而是要揽一份责任来倒逼自己学习。这个方法,我屡试不爽。

线上学习还会有一些额外的收获,如果你能深度参与一次社群学习,你会很容易找到一些同频的伙伴。我最初的理财课程合伙人都是社群中学习的伙伴,直到现在,我们时不时地还会有合作,甚至我开始做家庭资产配置后,我的一些客户也是在社群学习过程中认识的一些同频的伙伴。

以理财学习为开端,我逐渐在学习的道路上越走越远,不可自拔。在这个过程中，我身边的圈子也越扩越大。比如，参加 30 多天的阅读写作营，每天读一本书、写一篇文章，我能一天不落地高质量完成任务。30 多天结束后，我们深度参与学习的这一帮人又自发组织打卡了 1 年多的时间，我们这帮人里有中传媒、中科院的博士，有优秀的心理咨询师，也有如我一般的普通职场人，而且在我们这一年多的打卡过程中，突然有一天把打卡图书的作者也吸引到了我们的社群中。直到今天，我们很多人依然还有紧密的联系。大约也就是在那次学习之后，我的朋友圈里突然有了很多的高知人士，也让我感受到了什么叫"比你优秀的人比你还努力"。

再后来，我成为 DISC＋社群联合创始人，成为一堂 MBA 学员，跟初心会合作，成立青岛新创投研习院。我在学习的过程中认识的一些人，动辄身家过亿，但他们骨子里很谦逊，让"普通职场人"出身的我，颇为汗颜。

这 7 年走过来，特别是理财教育的经历，让我接触了很多在努力破圈、努力打造第二增长曲线的普通人。"破圈"对于普通人来讲，是一个相对比较艰难的事情。因为你首先需要破"认知"的圈子，然后才能破"人"的圈子。**在这个过程中，持续的学习能力和敢于破圈的勇气，是你是否能破圈成功的最关键因素。**

当你有了自己的核心业务，也构建好了第二增长曲线的业务，是不是就可以高枕无忧了呢？当然不是。从创业角度来看的话，最起码你得评估一下你的增长业务的天花板有多高，是不是可以支撑你未来的发展。**最稳妥的是打造第三增长曲线，也可以称为种子业务。**

接下来，我要讲的这个故事可以算是我打造种子业务的一个尝试。

中小微企业面临的增长问题，大家有目共睹。很多企业都在寻找破局增长的方法，如果我能帮助这些企业破局增长，对于我来讲，是不是就是一条新的增长路径？问题是，怎么去实现？

我们熟悉的创业路径，是项目从起盘开始，就不断地花钱、用资源，大多都要经历九死一生的煎熬，才能出人头地。但在今年，我了解到另外一种众创方式的创业路径，项目最开始不是花钱造产品，而是先把用户和业绩搞定，然后基于用户的需求去匹配市场上存量的产品。而且，这里的用户也不是纯粹的用户，而是企业的合伙人。企业的核心能力也不是卖产品，而是为合伙人打造赋能方案，合伙人除了自己使用产品，也有能力把产品销售出去，获得更多的收益。

这种方式能成功的核心原因，是我们当下的商业环境已经发生了彻底的改变。 从加入WTO开始，中国经历了20多年经济突飞猛进的发展期，我们可以称为增量经济时代。在这20多年里，新的产品、服务层出不穷，我们眼前的蛋糕也越做越大，只要参与其中，就能分一杯羹。

但到了今天，蛋糕已经大到不能再大了，我们开始进入存量经济时代。市场上不缺好的产品和好的服务，这个时候，大家就不是分蛋糕，而是变成抢蛋糕了。所以，如果我们还是用增量经济时代的打法跟别人竞争，很可能从一开始你就跟人家不在一个维度上，还谈什么成败得失呢？

就像我了解的一家用众创模式做起来的企业，它是一家酱酒企业，没有自己的产品，也没有自己的渠道。但它凭着这种众创模式6年做到了120亿元的估值，最近听说已经到了200亿元的估值。另外一家传统茶企业同样没有自己的产品，也没有自己的渠道，用1年的时间，业绩达到1.2亿元。

2023年年初，我认识了为这家酱酒企业做了6年全案咨询的创业创投公司，也知道了用 1 年时间、业绩达到 1.2 亿元的茶企是这家创业创投公司的创始人亲自下场操盘的。我还知道了他们不单单做咨询和创业创投，还把自己在陪跑企业中使用的方法沉淀成了一套众创方法论。用这套方法论，他们在过去 8 年的时间里，陪跑了 300 多个项目，很多项目都成为细分领域中的头部项目。

所以，我的学习兴趣又被激发了，我认真学习他们的线上和线下课程，研究他们陪跑的一些企业案例，感觉又回到了以前的学习状态。最后，我特别笃定一点，众创方法论在不违背商业逻辑的前提下，是可以帮助很多中小微企业迅速破局增长的。而且经过众创方法论改造过的众创项目，对于投资人也极为友好：一方面，每一位投资人出资不需要太多；另一方面，因为有众创模式，投资人可以快速拿到成果，获得不错的收益。

最后，我还与他们合作成立了青岛新创投研习院，更近距离地接触众创方法论，更深度地参与其中的一些好项目，为未来 7 年的规划打好基础，找到更多的增长路径。

从一名资深打工人，逐步转变为一名创业者，没有什么曲折离奇，也没有什么惊心动魄，有的只是一名普通人努力前进的一些普通经历。我曾经看到过一段让我很有感触的话："每个人都有两次生命，第一次是活给别人看的，第二次是活给自己看的。第二次生命，常从四十岁开始。"**无论你现在多少岁，我都期待你已经开始了自己的第二次生命。**

"7 年就是一辈子"，这辈子为自己而活！

"每个人都有两次生命,第一次是活给别人看的,第二次是活给自己看的。第二次生命,常从四十岁开始。"

无限进步

从追求个人看病方便到帮助大家看病方便
——我的成长与智康的成长

■ 缪海昕

智慧重症应用解决方案提供者
区域危重症中心建设者

大家好，我是智康公司的创始人兼 CEO，我负责公司的产品开发和运营管理。智康公司是一家专注于智慧重症应用解决方案的高科技企业，我们的产品和服务覆盖了重症医疗的各个环节，为重症患者和医护人员提供便捷、安全、高效、优质的医疗服务。

我今天想和大家分享一下我的成长故事，以及我和智康公司的成长之间的联系。我想通过我的故事，让大家了解我是如何从一个重症患者，成长为一个智慧重症应用解决方案的开发者，以及我是如何从追求个人看病方便，转变为帮助大家看病方便的。

我的故事可以分为三个部分：第一部分是我对重症医疗的认识和兴趣；第二部分是我创立智康公司的过程和挑战；第三部分是大家如何在我的帮助下，看病更便捷了。下面，我就按照这个顺序详细地讲述我的故事。

第一部分：个人对重症医疗的认识和兴趣

我对重症医疗的认识和兴趣，源于我自己的亲身经历。在我还是一个中学生的时候，因为一次意外事故，导致了我严重的颅脑损伤，需要住进 ICU 进行紧急治疗。那段时间，是我人生中最黑暗和最艰难的时期。我不仅要承受身体上的痛苦和折磨，还要面对生死的不确定和恐惧。在 ICU 里，我感受到了重症医疗的各种困难和不便，比如，**信息不透明，我很难知道自己的具体情况和治疗方案；医护人员忙碌，我很难得到及时和充分的关注和护理；资源紧张，我很难享受到最优质和最先进的设备和药物**。

在那段时间里，我深深地感受到了重症医疗对于每一个重症患者生命健康的重要性和紧迫性，我也深深地感谢那些为我治疗和护理的医护人员，他们用自己的专业知识和无私奉献，为我带来了希望和温暖。在他们的努力下，我终于渡过了难关，恢复了健康。但是，在庆幸自己幸运的同时，我也意识到了重症医疗还有很多不足和改进的空间，我开始对重症医疗产生了浓厚的兴趣和热情，我想要了解更多的知识，掌握更多的技能，为重症医疗做出自己的贡献。于是，我中学毕业后，选择了攻读重症医疗相关的专业，直到成为一名重症医学工作者。

第二部分：创立智康公司的过程和挑战

在从事重症医疗工作的过程中，我不断地学习和实践，不断地提高自己的专业水平和服务能力，我也结识了许多志同道合的同事和合作伙伴，我们一起为重症患者和医护人员提供优质的医疗服务。但是，随着工作的深入和拓展，我也发现了重症医疗领域存在的一些问题，比如，**重症医疗的需求量大，但是供给量小，导致了资源的不均衡和不充分；重症医疗的标准化程度低，但是质量要求高，导致了服务的不稳定和不可靠；重症医疗的信息化水平低，但是数据要求多，导致了管理的不高效和不智能**。这些问题，不仅影响了重症患者和医护人员的体验和满意度，也限制了重症医疗的发展和创新。

在这种情况下，我萌生了创业的想法。我想利用自己在重症医疗领域的专业知识和经验，结合当下最先进的信息技术和智能技术，为重症医疗提供一套完整、高效、智能、优质的应用解决方案。这套方案可以实现重症医疗信息的数字化、可视化、共享化、可分析化，可以实现对重症患者的远程监护、个性化治疗、全程跟踪、安全保障，可以实现重症医护人员的智能辅助、质量控制、教学培训、专业提升。这样一来,就可以有效地解决重症医疗领域存在的问题,提高重症医疗的效率、质量、安全、使用者的体验等各个方面。

于是,我与一位合伙人创立了智康公司,并担任了公司的 CEO。我成立了一个由重症医学专家、信息技术专家、智能技术专家组成的团队,并与华西医院等多家知名三甲医院建立了合作关系。我们开始了产品开发和运营管理的工作,并取得了一些初步成果。我们开发出了智慧重症临床信息系统、省级重症质控平台、ICU 探视系统、VTE 防控系统等多套重症系列产品,并在多个省份和地区推广和应用。我们的产品和服务受到了重症患者和医护人员的欢迎和好评,也得到了行业内的认可和支持。

当然,创立智康公司的过程并不是一帆风顺的,我们也遇到了很多挑战和困境。比如,我们的产品和服务需要与各个医院的现有系统进行对接和集成,这需要花费大量的时间和精力,也需要克服技术上的难题;我们的产品和服务需要符合各个地区和层级的政策法规和行业标准,这需要我们不断地调整和优化,也需要与相关部门沟通和协调;我们的产品和服务需要面对激烈的市场竞争和客户需求,这需要我们不断地创新和改进,也需要向潜在客户宣传和推广。这些挑战和困境给我们带来了很多压力和困扰,也让我们经历了很多失败和挫折。

第三部分:帮助大家看病方便的成果和感受

尽管创立智康公司的过程充满了艰辛和波折,但是我们没有放弃,我们坚持了下来。我们凭借着自己对重症医疗的专业知识和热情,以及对信息技术和智能技术的掌握和运用,为重症医疗提供了一套完整、高效、智能、优质的应用解决方案。我们的产品和服务为重症患者和医护人员带来了便捷、安全、高效、优质的医疗服务。

具体来说,我们的产品和服务有以下几个方面的成果和影响:

实现了重症医疗信息的数字化、可视化、共享化、可分析化。我们的智慧重症临床信息系统可以实时收集、存储、展示、传输、分析重症患者的各项生理参数、检验结果、影像资料等信息,为医护人员提供全面、准确、及时的数据支持。我们的省级重症质控平台可以汇总、比较、评价各个医院的重症医疗质量指标,为政府部门提供科学、客观、公正的监督管理依据。

实现了重症患者的远程监护、个性化治疗、全程跟踪、安全保障。我们利用互联网、物联网、人工智能等技术,建立了一个覆盖全省甚至全国的重症医疗网络。通过这个网络,高等级医院可以实时监测、指导低等级医院的重症患者,为他们提供专业、及时、有效的救治方案。同时,低等级医院可以根据每个患者的具体情况,制订个性化的治疗计划,并通过系统记录并跟踪患者的治疗过程和效果,为患者提供安全、贴心、高效的医疗服务。

实现了重症医护人员的智能辅助、质量控制、教学培训、专业提升。我们利用人工智能、大数据、云计算等技术,为重症医护人员提供了智能的辅助工具和平台。通过这些工具和平台,重症医护人员可以获得智能的诊断建议、治疗方案、预警提示等,提高自己的决策能力和操作水平。同时,重症医护人员可以通过系统进行质量控制和评估,发现并改进自己的不足和错误。此外,重症医护人员还可以通过系统进行远程教学和培训,学习并分享最新的重症医学知识和技术,提升自己的专业素养和水平。

对于我个人而言，参与智康公司的工作，让我感受到了满足感、成就感、荣誉感。我感到自己不仅实现了个人价值，也为社会做出了有益的贡献。我感到自己不仅获得了个人成长，也促进了公司的发展和创新。我感到自己不仅实现了个人梦想，也帮助了更多的人实现了他们的人生梦想。

结论

通过我的故事，我想告诉大家的是，个人成长与公司成长是相互促进、相互影响的。只有个人不断成长，才能为公司创造更多的价值；只有公司不断成长，才能为个人提供更多的机会。我希望我的故事能够给大家一些启示和鼓励，让大家在自己的领域中，不断地追求卓越和创新，为自己和社会创造更多的价值和幸福。

未来，我将继续带领智康公司走在重症医疗领域的前沿，不断地开发和完善我们的产品和服务，为重症患者和医护人员提供更好的医疗服务。我也将继续关注重症医疗领域的发展和变化，不断地学习和进步，为重症医疗领域做出更多的贡献。**我相信，在我们的共同努力下，重症医疗将会变得更加便捷、安全、高效、优质。**谢谢大家！

只有个人不断成长，才能为公司创造更多的价值；只有公司不断成长，才能为个人提供更多的机会。

无限进步

别为自己的人生设限

■ 莫非

消费者洞察者
营销创新者
技术赋能者

2005年6月12日，乔布斯在斯坦福大学演讲，分享了自己人生中的三个故事，分别关于选择、热爱与死亡。这也是贯穿了他一生的线索。今天，我斗胆依葫芦画瓢，跟大家分享三个我自己的小故事，关于成长的故事。

知乎上有个有3.4万关注的问题："哪一段话让你有醍醐灌顶的感觉？"其中排名第一的回答，引用了作家周国平的一段话，他是这么说的："**人会长大三次。第一次是在发现自己不是世界中心的时候；第二次是在发现即使再怎么努力，终究还是有些事是无能为力的时候；第三次是在明知道有些事可能会无能为力，但还是会尽力争取的时候。**"

第一次长大的故事

我高考的成绩不错，当时在台湾，只离台湾大学电机和医学两个科系的录取分数差一分，其他的科系基本都能上。我选择了台湾清华大学电机系，结果4年后，我发现自己对这个专业完全没有兴趣，就决定辍学当兵了。

当时父亲强烈反对，但我信誓旦旦地告诉他："等我当完兵，考上了研究生，一样有硕士文凭，不用担心。"退伍后，我花了1年时间准备转读商学院，最后考取了7所学校的研究生，我进了台湾交通大学科技管理研究所，主修通信服务与市场营销。

大家都知道，读MBA一般到第二年就要开始准备论文了。而就在第二年开学的第一天，指导老师通知我，说我被开除了，让我去找其他的指导教授。理由是我在外面打工花的时间太多，没有好好做研究，他没办法再继续指导我了，根本的原因则是他认为我在外面打工挣钱，帮他做事的时间太少了。

就在同一周的周六，女朋友在电话里哭着跟我提分手，因为她刚刚亲眼看见前男友猝死在自己面前，那一刻才发现她的真爱是他。挂了电话的我，懵懵懂懂地回到宿舍，才发现在路上把包给丢了，所有的证件、银行卡和现金，连带手机都没了。

一时间找不到人救急，连饭都没得吃，当时宿舍的同学看不下去，只好带着我到学校对面的夜市去吃饭。走在摩肩接踵、人来人往的夜市里，好心的同学叹了一口气，揽着我的肩膀对我说："你觉得这个世界上还有比你更倒霉的人吗？你改名叫莫非吧！"

莫非，就是莫非定律的那个莫非，西方的"莫非定律"是这样说的：Anything that can go wrong will go wrong. 大概的意思就是如果你担心某件坏事会发生，那么它就一定会发生。如果你倒霉，你只会更倒霉。

求学以来，我一直以为自己是天之骄子，学业、感情两得意，边学习，还能边挣钱养活自己。结果一夜之间，我的世界崩塌了，我在长达半年的时间里，都没能从抑郁的状态里走出来。

那是第一次，我清楚地感受到，这个世界不是我想怎么样，就能怎么样的。在某些人眼里，我可能什么都不是。在那之后，我的名字，就叫莫非。

我成了一个乐观的悲观主义者，自己算哪根葱呢？"不如意事常八九"，我就是那个"八九"，**而我能做的就是为最坏的情况做好打算，然后为最乐观的情况努力。**

第二次成长的故事

因为家境的关系，我从十三岁就开始打工，正式的工作不算，杂七杂八的工作做了不下二十种。从求学到进职场工作开头那几年，我几乎每天都在怎么养活自己的焦虑中度过。在这期间，我还要努力考上研究所并完成论文，这也是为什么之前会被第一任指导教授开除的原因。

我记得当时每天都在盘算下个月的生活费从哪里来，压力大到为了钱，曾一天干过三份工作，连夜总会的服务生和吧台服务员都当过。我在心里立誓，将来一定要出人头地。

从研究所毕业后，我终于全心全意在工作上一路为"钱途"而努力，一年工作 364 天，在一年内还清了信用卡和助学贷款在内的所有债务，三年出国超过四十次，从一个应用工程师，在三年内被破格提升为集团办公室客服经理，还兼管品保、品管两个部门。

我当时监管着公司在亚洲的六大生产基地，来往的客户不是每个产业的龙头企业，就是像索尼、戴尔、飞利浦、三星、LG、惠普这一类的大厂。

我成功了吗？每天在不同酒店，从宿醉中醒来，连自己身在何处都感到恍惚，我只是在追求一个成功的假象、一个幻影。

因为本土企业在质量与成本之间，永远都选择后者，所以无论我在客户面前有多专业、客户再怎么信任我，也抵挡不住销售为了拿订单、赶出货而频频放水，导致不断出现质量问题，**我逐渐陷入了一种再怎么努力也没有用的无力感**。

当时，我才真正明白，原来我拼命努力、梦寐以求的高管职位、价值和一个长工没什么区别。很多事情，不是因为它正确或者我努力争取就能改变，所以即使当时的集团 CEO 开出了可以任选岗位和薪资的条件，我依然离开了。

提出辞呈前，我想了很久，最终做出了决定。以前我进公司时所考虑的待遇、知名度、经验，好像都不重要了。出国四十几次，我却在离职后第一次单纯地为了度假休息而离开台湾，还记得自己当时看着盖满各国签证的护照而叹息不已。

后来，我给了自己一年的 gap year（空缺年），到美国学习教练和引导技术，取得了国际认证，甚至成为台湾"国际"教练协会的创始人之一，开始在两岸三地从事商业咨询和企业辅导工作。后来到了上海，成为一家国际 4A 广告公司的总经理，在营销行业一待就是十余年。

《圣经》说："当上帝关了一扇门，一定会为你打开另一扇窗。"有时候，我们会陷入一种无能为力、走投无路的境地，回过头来看，也许，上帝正在为你关上一扇门，或者可以说，上帝正在暗示你，应该做出改变了。我们很难改变别人或是整个大环境，但我们可以主动做出别的选择，《老子·五十八章》里写道："祸兮福之所倚，福兮祸之所伏。"说的就是这个道理。

在提交辞呈前，最困惑我的问题莫过于：如果薪水、名声、权力都不重要，那么人生的意义到底是什么呢？

经过一年的思考和寻找之后，我终于想通了，**人生本身是没有意义的，生活的目的就在于活出自己的意义**。任何事情都有它的两面性，我们可以选择辩证地看待，并主动为自己的人生和生活做出选择。

第三次成长的故事

回顾最近这十年，我发现自己一直在做从 0 到 1 的工作。

我曾是广告公司第一个将引导技术作为广告总监培训的项目负责

人、第一个为公司开通微信公众号运营的人、第一个在国内研究线下广告数字化产品的人、从 0 到 1 成立营销策略部的人……毛主席的"摸着石头过河"几乎成了我的口头禅。

而这 10 年,也是行业变化最大的 10 年,当年的消费者洞察变成了用户思维,当年的 BAT 变成了 TMD,接着又变成了"双微一抖小快 B 乎",广告内容从图文到直播再到 KOL、短视频,现在又到了直播带货,营销手段从程序化购买到营销 SAAS、MarTech,再到现在最火的 ChatGPT、大模型、AIGC,从全域营销到私域营销,几乎每隔几个月,市场就有完全不同的新热词。

但"摸着石头过河"的试错成本太高,3 年的疫情让大家焦虑,疫情过后更是变本加厉,emo 成了最常见的形容词。以学习力、分析力和创新力见长的我,在这段时间也遇到了各种无能为力、难以为继的情况。

直到 2020 年年底,我遇到了"一堂"这家创业教育机构,帮助我在前路茫茫的时候,了解怎么实事求是、脚踏实地地预测市场动向、拆需求、做产品、算模型、找增长,迭代认知,进而搭建自己的知识体系。

令我印象最深的是参加一堂五步法讲师训练营的时候,长达六天、数十次的实际演练与迭代,让我突然找回了笃定感。

一堂是一家年轻的公司,秉持"科学创业"的信仰和精神,它让我明白了为什么在这 10 年里,那么多互联网公司能在快速变化的环境里,在大型传统企业的环绕和竞争之下依然能够崛起,那就是因为它们会做出尊重事实的科学判断和思维的快速迭代。

我们进入了一个超越十倍速变化的时代,技术的进步给世界带来了肉眼可见、指数级的改变,过去基于工业化时代的管理思维和商业模式，遭受挑战是必然的。

正如凯文·凯利在 2016 年出版的《必然》这本书中所提到的："这些力量并非命运而是轨迹，它们提供的并不是我们将去往何方的预测。它们只是告诉我们，在不远的将来，我们会向哪些方向前行。"

我们恐惧的往往不是事物本身，而是对于未知的恐惧，这样的情绪在环境快速变化、新事物每天推陈出新的当今尤甚。

面对未知做出决策，将成为我们每个人的日常，成功仿佛变成牌桌上赌赢的概率问题，那么在明明知道赢的概率不大的情况下，我们还有那种愿意为之努力、为之拼搏的勇气吗？

心理学家马丁·塞利格曼说："追求有意义的生活，就是用你的全部力量和才能去效忠和服务一个超越自身的东西。"

换而言之，我们的人生，只能由自己决定、创造，我们的每一天，都是一次从 0 到 1 的开始。

一路走来，我学会了为最坏的情况做好准备，为最乐观的情况而努力。面对未知和不确定，学会辩证地看待，并主动为自己的人生做出选择，然后实事求是地尝试、思考、迭代自己的认知。未来有多少不确定性，我们就有多少可能性，别为自己的人生设限。

一路走来，我学会了为最坏的情况做好准备，为最乐观的情况而努力。

无限进步

一个外企工业销冠的数字化软件创业之路

■ 潘俊

企业数字化转型的路径规划者
企业服务赛道的商业机会与预判分析者
个人性格和职业发展规划者

如果你未来几年的职业生涯和数字化转型相关，如果你所在的企业，包括你本人正准备启动一个与数字化相关的项目，抑或你已经参与了不少成功或者不成功的数字化相关的项目，那么希望我下面的分享可以让你有新的思考方向，也期待未来能和你有更多的交流。

2018年1月，我正式向工作了15年的欧洲公司中国区总经理递交了一份辞职信，充分表达了自己厌倦了目前的工作内容，希望找到新的方向，开启新的事业的决定。回顾一下当时我做出这样一个决定的背景情况吧。

2004年，作为行业销售经理，我加入这家欧洲企业。加入后，随着公司业务的不断发展，几乎每3年就会换一个行业或者领域，我的个人能力也在不断提升。2009—2015年，我带领一个小团队负责新能源行业的大客户拓展，正好赶上风电行业的大暴发，团队的销售额从几十万快速增长到五六千万，成为当时中国区的销冠团队。我当时刚刚过30岁，正面临职业的困惑期，希望做好自己未来的职业发展规划，所以从2013年开始，我陆续上了同济大学的MBA、香港大学SPACE商学院以及混沌商学院的线下课程，认识了不少其他行业的精英以及创业的同学，内心蠢蠢欲动，是否自己也可能创业呢？可能老板也察觉到了我的想法，当时德国刚刚提出工业4.0的概念，国内在慢慢产生两化融合、智慧工厂的需求。于是老板说，你不如试试内部创业吧，我们成立一个智慧工厂事业部，你可以带领一支内部小分队，看看在这个领域是否有新的机会？这个方向确实也是我看好的一个方向，于是我欣然接受，毅然决然地把自己所有的客户移交给其他同事，自己带领一支小分队，由传统的控制系统软硬件的销售转为工业数字化软件的销售。经过3—4年的试水，我陆续拜访了包装、饮料、塑料、汽车、纺织、重工等几个行业的几百家客户，确实发现了工厂端对车间端的数字化软件的需求，也拿到了一些落地的项目。**然而，每年到年底核算部门利润的时候，都是亏损的，并且迟迟达不到预期计划的销售额。**当时我分析的原因是欧洲公司的产品和解决方案不能很好地满足国内客户的需求，导致售前周期长、交付周期长、客户体验差，所以复购也少，最后导致销售利润和销售额都无法达标。

我自己是非常认可制造业数字化转型这个大方向的，因为我这几年拜访的这几百家终端客户的工厂以及他们采购的设备制造商，有95％以上的客户觉得他们需要一套稳定、可靠的车间数字化软件，所以我觉得我应该做这个事情，我们可以找到更适合的解决方案。同时，我们还发现了2个有刚需，并且比较容易触达客户的行业，一个是燃气管材的工厂，一个是汽车零部件的工厂，因为它们的下游都需要供应商完成质量的追溯系统，否则它们的产品就没法通过审核，没法拿到下游客户的订单。这两个行业各自都至少有3000—5000家客户吧，取个最低数3000家，每家的投入预算为30万元/年，那就是9个亿的产值。我们努努力，可以拿下10％的市场份额，那也是9000万元/年的销售额。**这样的销售额，养活一支小规模的初创团队应该没有问题。**

再看看当时制造业市场的大环境以及政策背景。

自2001年中国正式加入WTO以来，中国已成为名副其实的世界工厂和世界制造业第一大国，但对众多制造业企业来说，生产效率低下、设备管理混乱、产品质量参差不齐、人员管理不到位、跨部门信息沟通不畅等问题已经成为阻碍它们进一步发展的重要原因。

据 IDC 发布的《2018 年中国企业数字化发展报告》，不同行业的信息化程度差距巨大，而其中制造业的数字化程度最低。在信息化浪潮中，大部分制造业企业还抱着观望、谨慎的态度。究其背后的原因，是不少制造业企业尚未找到低投入、高回报、易用性好的数字化转型升级方案。大部分制造业企业拥有 ERP 系统，随着企业的发展壮大，原有的 ERP 功能无法满足企业日益增长的业务需求、管理要求。决策者在半信半疑中试行改革，企业生产线的劳务人员的素质普遍较低，难以操作复杂的软件，所以信息化、数字化工具的落地推行面临着重重阻力。

在政策方面，各地政府、工信部、科技部等为了改变这种落后的状况，希望把互联网和移动互联网的经验和能力迁移到制造业，出台了各类激励政策：机器换人、数据上云、两化融合、数字化车间、智能车间、行业链主企业申报、工业互联网标识码等等，甚至对国企还发布了强制性的数字化转型规划。在一些早期的数字化转型激励政策中，企业做了类似的项目后，政府的项目补贴是完全可以覆盖项目的投入的，同时还能拿到各种各样的荣誉和获得宣传曝光的机会。

当时面对这样一个趋势正确、市场潜力巨大，同时还有各类政策加持的行业，我自己积累了多年的行业从业经验，行业的上下游伙伴也非常认可这个大趋势，如果换成是你，不知道你会做什么选择？我在仔细思考了三个月后，决定自己下场试试。

先说说这个项目运行到现在的状况吧。我们围绕塑料加工，尤其是塑料挤出这个细分赛道，陆续交付了 50 多个工厂的数字化车间项目，我们的数字化平台实时监控了 500 多条生产线的生产过程。每个工厂生产的产品，我们的系统都会自动地记录相关的原料数据、工艺数据、质量数据、成本数据等，拥有完整的一码追溯系统以及生产管理系统，每天可以为这些客户节省 1000 张纸张以及 500 个小时的人工抄表记录时间。这样的运营数据，在一个细分行业赛道上，让我们已经成为绝对领先的技术服务公司，但是我们的投入非常巨大，从财务上来说，并没有实现盈利，同时距离 5 年内能够交付 300 家、实现 9000 万元的销售额还有非常大的差距。目前，我们团队正在反思，是否有更好的模式可以逆转目前的局面，以下是我们自己思考和复盘后得出的一些结论。

1. **激情创业/拍脑袋创业就能杀出一条血路的年代已经过去**，如果没有充分的项目分析和市场调研，在目前的市场环境下，踩坑和亏钱是大概率事件，务必要通过科学调研，快速、低成本地找到客户愿意付钱，同时你能交付的真需求、真场景，提高创业项目成功的可能性。举例来说，我在 2018 年判断和调研的 3000 家潜在的细分客户的确是存在的，用 3—5 年时间，实现 10% 的客户覆盖，这个可能性也是存在的，但是具体是哪类客户，他们的标签是什么？在什么场景下，解决了他们的哪些问题？为了解决这些问题而增加的采购数字化系统以及其他系统运营成本，到底给他们带来了哪些直接的收益？是否真正实现了降本增效，项目的投资回报率到底是多少？多久之后，我们的系统能够成为行业共识，成为行业的标配和刚需？面对这些真实而具体的问题，如果创始团队都没有明确的答案，那么这样的项目在目前的大环境下一定需要谨慎对待。

2. **创始人的认知通常是一个早期创业项目的天花板**。如果创始人自己不能快速提高找钱（通过销售产品或服务给客户或者找到投资人）、找人（找到同频共振的核心团队）、找事（找到有商业价值、可复制的真实问题）等几个方面的能力，那么这次创业将是个人缺点的放大器。外部环境也许是创业维艰的原因之一，但是个人能力成长速度太慢，无法满足外部市场对个人能力的要求是创业成败的关键原因。充分认识自己的优缺点，多向内求，个人多反思和复盘，获得持续成长的能力，是对创始人的核心要求。我在本次创业旅程中，就充分暴露了对人不敏感、管理不系统、算账能力差等几个方面的缺点，并且每一个方面的缺点都导致了一次或者几次"血淋淋"的事故。

3. **直到 2023 年，大部分制造业的数字化转型仍然不是刚需**。大部分制造业传统企业做数字化转型不是踩坑，就是被坑，技术坑、管理坑、组织坑、能力坑接踵而至，感觉整个转型过程都是在踩坑的路上。这个坑，不仅仅是甲方的损失和"学费"，大部分乙方也很受伤，大概 90％以上的数字化转型项目，乙方是完全不赚钱甚至是亏钱的。

4. 在人工智能、ChatGPT 等新技术不断发展的当下，制造业所需要的数字化技术已经不是瓶颈问题，**真正限制数字化技术在企业落地的关键要素是企业内部的管理能力以及企业内部的数字文化的问题**。企业在开展数字化项目的过程中，一定要优先考虑和解决这两方面的问题，否则数字化技术的落地一定是不可持续的。

5. 数字化转型的过程，也是企业内部变革的过程，**企业中高层一定要充分讨论，对于未来实践的路径和长期规划形成共识，同时能够为项目团队提供各种保障措施，如资金保障、技术保障、人员保障、组织保障等等**。

6. 从数字化的试点项目开始，就可以寻找独立的外部数字化咨询和监理方，作为第三方参与数字化系统的范围、需求调研和规划、方案设计、过程监控及项目验收。**第三方专业公司的引入，至少可以提高 50％以上的项目成功率，同时能够降低项目预算超标、验收日期不断延期的现象**。

制造业数字化系统落地的过程，也是项目负责人带领团队一起登山探险的过程，它需要勇气、领导力，还有毅力。

以上就是我们这样的工业软件创业小团队的思考。制造业数字化系统落地的过程，也是项目负责人带领团队一起登山探险的过程，它需要勇气、领导力，还有毅力。无论是甲方，还是乙方，希望大家通过这样的项目历程不断成长、不断突破，"路虽远行则将至，事虽难做则必成"。也期待数字化的工具能够真正赋能中小型的制造业企业，成为企业未来竞争中的一种利器。

无限进步

一生百世,迭代重开

■ **乔帮主**

商业教练
一堂讲师营讲师
国家中级心理服务师
20年线下零售老兵

人终其一生，自大学毕业脱离父母和学校的约束，能够有自己独立的价值主张、可以活出自己的时光足有 50 年。在这 50 年中，哪怕每年只有一次至关重要的转折性选择，人生也有 50 次迭代重开的机会，只按照一种方式、年年重复地活一生，岂不可惜？！

作为"70 后"的创业者，我既享受过时代的红利，曾在河南省终端实体零售门店创造年营收 10 亿元的辉煌成绩，也被时代摩擦得鼻青脸肿过，如 2003 年的非典疫情、2008 年的金融危机、2020—2022 年的新冠肺炎疫情，每一次对我的事业都是重创，每一次穿越生死线后都是新生。

创业 20 载，我从前期的敢闯敢拼，到中期的规模化复制，再到如今成为笃定的一堂科学创业的传播者，都是基于"创新挑战、扩阔疆域、科学创业"的愿力。

创新挑战，捍卫目标

创业初期，有很多的机会，我有幸抓住了几个。这几次我都面临了极大的挑战，但我都努力达到了目标。

2006 年 8 月，我们的一个品牌美特斯邦威有一个 2600 平方米的旗舰店开业。现在，这么大面积的店比比皆是，可是在 17 年前，河南省大多数服装店的面积都在 100 平方米左右，所以当时有着太多的未知情况和压力。最大的挑战不仅是资金、能力上的，事业和家庭兼顾的矛盾也格外突出。我女儿是在 2007 年 1 月出生的，筹备这个店的时候，我刚怀孕 2 个月。在店铺装修期间，我带领 4 个核心管理员工去杭州品牌公司旗舰店轮岗学习，每天驻店，和导购一样的工作强度和时长，孕吐反应极大，老公要求我回家养胎，我和他在电话里大吵一架，说如果再干涉我的工作，这个孩子不要了。箭在弦上，不得不发，那时我的目标只有一个：正常开业！

开业前，店内的施工收尾、拓荒清洁、货品陈列交叉进行，我2天2夜吃住都在店里。那一夜，品牌代言人周杰伦为开业举行的歌迷见面会盛况空前，我在距离会场2公里的店里灰头土脸。

花了5年时间，这个品牌在河南省的年销售额达到7亿元，所有的努力终不负我。

扩阔疆域，取之于势

2010年，国际快销品牌在全国盛行。一个时常去上海的闺蜜告诉我，有个法国快时尚品牌叫CacheCache，市场表现极好，于是我快速去上海考察调研，极尽所能地联系到品牌方。这个品牌在全球23个国家开了门店，而且都是单店加盟，根本没有省级代理的模式。对于国外的品牌，想要变更它的商业模式极其困难。

在那1年半的时间里，我像堂吉诃德一样偏执，几乎每个月都会给品牌方报一种合作方案。在最后一版方案里，我保证在3年内开50家门店，并且一次性支付第一年开店的全额品牌保证金和货品保证金，终于在2012年年初，签下了河南省代合同，成为该品牌全球唯一的省代。

我用了3年时间，让该品牌在河南省的门店数占全国的12.5%，年营收额达到2亿元。

自此，我顺势而为，陆续与UR、GAP等一系列优秀的品牌合作。对于合作的品牌，我也有属性定位：UR、GAP属于标杆性品牌，用来给公司背书；美邦、CacheCache属于流量品牌，用来提高市场占有率。性格使然,我喜欢做能规模化复制、扩阔疆域的项目。

结识"一堂",科学创业

前面说的都是在时代红利下,敢闯敢干、有野心就能拿到的成果。2020年,新冠肺炎疫情开始后,我被迫静下来复盘,我的核心能力到底是什么?20年的创业经历沉淀下来了什么?假如一切归零、重新起盘,失去了市场红利,我还能再次破局吗?

我第一次没那么笃定,第一次开始自我否定,第一次带着敬畏心开始求学。遇见"一堂",潜心学习一年,那份笃定又慢慢回来了。在这里,我知道了:

1.**激情创业和逻辑型创业有天壤之别**。我当年一腔热血地拍脑门跨行踏入商业地产,踩了许多坑。

1)**拿项目前,错误地类比**。把省会的租金标准错误地与地市类比,对项目的前景过于乐观;做投资回报测算时,只算大账,存在多处运营成本的盲区;如果请教行业专家,了解更多的基准值,应该可以少走许多弯路。

2)拿下项目并给项目定位时,未进行客户画像细分。客户的年龄段、收入、消费习惯不同,对产品的需求差别巨大,多年前的我一味追求品牌形象,对硬件环境、品牌调性进行拔高,忽略了销售的本质是产品匹配这一决定性因素。

2.**提前预判,将关键假设前置**。创业不是拆盲盒、赌运气,是有步骤、有先后顺序的。每个步骤里都有决定成败的"开关键",其中一个跑不通,则项目不成立,而打通这些开关键就像物理学里面的串联,前面不亮,后面一定不亮。以往的创业投资少则几十万元,多则成百上千万元，我只执拗地看见自己相信的地方，没有耐心和认知做全局预判，创业九死一生。事前多想会败在哪里，烧脑好过烧钱，给自己的创业多留几条命，成功的概率也就会高很多。

3. **创业真的可以低成本，精髓在于"小步快跑，快速试错"。**

4. **创业的机会来自行业变化，**行业内有哪些变化？这些变化在下一个周期会变成什么样？

如果创业成功有九九八十一难，那么每一难都是一门功课。在"一堂"，线上的每一门功课都会有完整的"方法模型"、带你梳理自己业务的"思考画布"、检查和提升落地效果的"自查清单""抄作业"的最佳实践"作弊小抄"。

作为"一堂"河南学习中心的主理人，我在线下会陪伴你开展如下活动。

1. 核心功课的"极限挑战"。现场指导知识复习、手把手带教动手实操、列出业务相关的执行清单。

2. 夜不能寐"私董会"。靠谱的"幕僚"帮你找到真问题，提供建议。

3. 行业圈子"闭门会"。整合资源，培育合作。

自己淋过雨，就想给他人撑把伞。我用陪伴成百上千家企业的方式，活出我"一生百世"的精彩人生，欢迎你加入"一堂河南学习中心"，我们一起科学创业，实现各自不同的人生价值。

如果创业成功有九九八十一难,那么每一难都是一门功课。

无限进步

读懂企业数字化转型

■ 黄沈吉

阿里云区块链全球大赛第一名获得者
科技与金融的跨界者
持续折腾的创业者

企业数字化转型是在数字经济新业态下，企业通过先进技术实现业务与数据的双向交互，为客户带来业务感知，并形成企业内部的新文化认同与外部的新品牌认同的企业升级转型的重要过程。

分析数字化转型在企业中所处的阶段，我们可以通过评估数字化平台在日常工作中扮演记录、做事的"手"的角色，还是扮演传讯、协调的"脚"的角色，抑或扮演思考、传令的"脑"的角色。

在"手""脚"的阶段，只是将业务信息单向输入数字化平台中，将现实世界中的各项业务流程进行抽象，以数据的高效流转来实现企业的降本增效，是一个从业务到数据的单向通道，仍然处于初期的阶段，是一个封闭的生态。

在"脑"的阶段，是从业务到数据，再由数据推动业务的双向交互阶段，是将现实世界进行数字化的映射到数字世界，再将数据反映到现实世界，是一个开放的生态。通过数字化转型，最终改变企业传统的作业模式、业务模式，甚至商业模式。

企业数字化转型的成功落地都需要经过系统的思考、设计与实施，其中**数据思维、分治思维、敏捷思维、精益思维是整个环节中进行数字化转型的核心与关键**。

数据思维：数据流越长，数据价值越大

数字化转型要到达"脑"的阶段，数据必然扮演着最为重要的角色，因此，企业利用日益庞大和复杂的大数据洞察商业机会的方法将日益成为主流，所形成的DaaS（数据即服务）带来一个巨大的机会，可以将组织的数据资产变现，并在以数据为中心的业务运营过程中，使企业在市场竞争中获得优势。

因为数据资产边际成本递减的特殊性,我们可以看出数字化转型给企业带来的服务模式改变,是不能以业务惯性增长去衡量的,企业数字化转型的成功落地将为企业带来业务的指数级增长。

要实现业务和数据之间的双向奔赴,形成数据资产的不断积累,我们要做的一定不是简简单单地再上一个新的业务系统就结束了,反而是新系统的上线投产才是业务转型升级的起点。从系统投产启动后,就需要关注的是业务的持续数字化运营,在数字化运营中源源不断地创造数据,创造数据就是在源源不断地创造业务。

数据在赋能业务时的价值往往还取决于数据流的长度。简单来说,就是数据流越长,数据价值越大。 在整个运营过程中,我们需要时刻思考并关注数据流的长度,有没有在系统之间形成数据流截断,有没有在部门之间形成数据流截断,有没有在生态之间形成数据流截断。任何数据流的截断都是对数据资产价值的浪费,在整个数字化转型过程中,我们需要不断拉长这个数据流,持续提升数据价值,实现业务的倍速增长。

分治思维:用第一性原理找到业务的核心数据要素

接下来,我们要分析在数据推动业务发展的整体框架下,是哪些数据在推动哪个具体的业务增长,让业务回归本源,找到数据与业务的直接关联,找出业务的第一性原理,找到业务最底层的核心数据要素。分治思维这时候就可以派上用场。

各行各业由于业务的惯性和业绩的压力,任何一项业务调整对于在数字化运营中源源不断地创造数据,创造数据就是在源源不断地创造业务。

企业来说都不容易。数字化转型中的分治思维是把一个一个复杂的问题分成两个或更多子问题，再把子问题分成更小的问题，以此类推，直到找到能够用最简单的数据关联证明业务增长的第一性原理，从而解决业绩增长乏力的问题。

举个例子，我们来分析 ToB 业务的企业营收。在下面的等式中，企业的营收受客户数和户均利润的共同影响。

$$企业营收 = 客户数 \times 户均利润$$

企业主都知道要提升客户数和客户户均所带来的利润，但这两个数据并不能直观说明我们业务增长的核心数据要素。

以我所在的金融行业进行分析，客户数是由客户经理与人均管户构成的，客户的户均利润则是由户均存款收益、户均贷款收益、户均中收收益、户均风险损耗构成的，我们继续进行数据的分治思维拆解，即：

$$企业营收 = (客户经理人数 \times 人均管户) \times (户均存款收益 + 户均贷款收益 + 户均中收收益 - 户均风险损耗)$$

我们进一步思考，户均存/贷款收益是由户均存/贷款日均、息差、期限组成。同理，我们可以推算出：

$$企业营收 = (客户经理人数 \times 人均管户) \times [(户均存款日均 \times 息差 \times 期限) + (户均贷款日均 \times 息差 \times 期限) + 户均中收收益 - 户均风险损耗]$$

通过分治思维，把业务过程数字化，在不同的业务模块中拆分业务的数据要素，我们就在数字化转型中找到了更好的切入点。从金融行业的例子中可以看到，要实现数字化转型后业务的指数级增长，那就要从人均管户的提升、从存款日均的提升、从户均中收收益的提升、从风险损耗的下降去落地。当然，我们依然可以继续拆分上述数据要素至更细化的维度。找到了数字化转型中让业务爆发式增长的核心数据要素之后，再通过各种方式去调整这个数值。

敏捷思维：在不确定中获得发展优势

如果用一个字来概括数字化转型所带来的成果，那就是"快"，换个词来讲，就是"敏捷"。敏捷思维能够帮助我们评估并验证在企业进行创新的过程中的相关风险，为解决不确定问题提供了思考工具，并在不确定的市场环节中让企业获得发展优势。在我们找到业务爆发式增长的核心数据要素后，我们需要通过敏捷思维和工具快速地验证。

SpaceX每次发射"失败"都是在运用敏捷思维后的行动"成功"，是快速迭代的最好应用。工作人员不断试错，然后修正设计，从而在短时间内实现技术的突破。在敏捷思维框架中，先构思，接着投入行动，得到反馈，再根据观察，深入思考，再行动、不断迭代，不断收集并验证数据，打破传统思维，提升研发效率。开放式反馈与修正是数字化时代企业创新的必备条件。

敏捷思维同时将推动组织机构内部在数字化转型背景下的敏捷改革，诞生敏捷文化、敏捷组织、敏捷研发、敏捷管理、敏捷运营等一系列的新生模式。围绕业务发展中最小的核心数据要素，定义企业的数字化转型业务目标，通过敏捷思维下的敏捷模式，持续推动数字化平台建设与数字化业务运营，在新战役中涌现新英雄，新英雄组建新部队，实现业务快速发展。

精益思维：消灭浪费，促进业务增长

找到业务发展的核心数据要素，有了敏捷思维与工具之后，我们需要思考企业数字化转型最终的落脚点。这个落脚点，我们可以通过精益思维识别并持续优化。精益思维是围绕价值定义、价值流识别、价值流动、价值拉动和尽善尽美这五个环节，通过最小化浪费和提高价值流优化业务流程的方法，并已在传统生产制造产业中得到了充分验证。

精益思维运用到我所处的金融行业中的最典型方式就是信贷工厂。信贷工厂是银行进行普惠业务授信业务管理时，通过设计标准化的产品和流程，从前期接触客户，到授信的调查、审查、审批，贷款的发放，贷后维护、管理以及贷款的回收等工作，均采取流水线作业、标准化管理。我们可以应用精益思想思考信贷业务中的浪费，将客户经理管户数量提升这个指标进行数据要素分析，就能发现整个过程可能由不够精准的客户、过多的文案材料准备、潜客与存量客户的流失、产品未提款、烦琐的贷后管理等耗损的流程环节造成了浪费。那么，针对上述一系列的问题进行识别与诊断后，我们如何引入外部数据、如何打通内部数据、如何进行系统优化、如何进行数据模型构建都是我们在数字化转型过程中的落脚点。在其他场景中也同样适用，即通过精益思维找到场景痛点，通过技术赋能与数据赋能去消灭浪费，创造业务增长，实现流程的高效运作和业务的高效流转。

数字化转型对于企业来说，是没有终点的马拉松。 首先定位企业在数字化转型过程中是处于"手""脚"，还是"脑"的阶段，依托科技和数据的力量，构建业务到数据、再从数据到业务的双向闭环。通过数据思维，延长数据的价值流，创造更大的数据价值。通过分治思维，找到业务指标最小细分环节中的数据核心要素。通过敏捷思维，构建在不确定环境中企业发展的核心优势。通过精益思维，找到数字化转型的最终落脚点，消灭业务浪费，创造业务增长。在企业数字化转型的过程中，重构自己的商业模式，实现业务高质量的可持续发展。

无限进步

中年人的副业转型之路

■ **堂主**

新媒体品牌推广者、品牌矩阵陪跑者和
个人 IP 打造者
混沌、得到、一堂等深度学员,终身学习者
一堂第 0 期讲师营讲师

人到中年，却遇到行业态势断崖式下跌，不管你如何努力，也于事无补，你该怎么办？

转行吗？哪个公司愿意养你到退休？

创业吗？做什么能养活自己？

这是很多中年人提出的普遍问题。

其实我在工作了 15 年时，就预见到了这个问题，但是一直没有转型成功。就在我所处的行业彻底崩盘的时候，我才彻底意识到了危机的严重性。

破釜沉舟的力量是无穷的，我恰好找到了副业的方向，也做起来了，最后下决心将它转型为主业。这就是我的"中年人的副业转型之路"。

曾经辉煌的过去

我的专业

我毕业于中国当时唯一一所广播电视专业的高等学府——北京广播学院，现在的名字是中国传媒大学。

从学习到工作，我在这个行业耕耘超过了 20 年。

曾经的辉煌

这个行业曾经无比风光，无论是知名度（官方媒体影响力大），还是行业收入（当年一些只有几百号员工的发达地市级的电视台，每年都有超过 10 亿元的广告费收入，更别说央视、五大卫视高达几十亿元广告费收入的体量），当年都令人无比向往。

我自己也因为这个行业的快速发展，在专业上持续获得了一定的成果。毕业后，我基本每两三年就输出一篇有深度的论文，并且刊登在行业知名的专业杂志上。

也因为这些论文，我几乎在最短资格年限内实现了连续晋级，走完了从助理工程师、工程师到高级工程师的历程。我获得高级工程师职称资格时，距离我毕业也才10年。

我也写过书

在获得电视行业技术水平最高等级的评奖——"国家广播电影电视总局年度科技创新奖"的三等奖时，我作为副主编，配合我的恩师（主编）及其他行业专家合著了百万字的专业技术书籍《数字视频测量应用技术》（上下册），成为当时行业内技术人员的必备工具书。

面对惨不忍睹的现实

行业大势已去，必须寻找新的出路

但辉煌已逝去，行业已跌进了山谷，因移动互联网而呈现井喷之势的新媒体和自媒体瓜分了原有的大蛋糕，传统媒体的收入呈现断崖式下跌，因此，我不得不寻找新的出路。

在你看得见的范围内，发现快速增长的赛道

现实让我被迫重新扫视身边的世界。

我逐渐认识到我需要在我看得见的领域里，发掘正在爆发的赛道，这样才能找到机会。

我的专业属于传统媒体，而现在取而代之的新媒体并没有改变媒体的属性，核心仍是传播和影响力。于是，我选择依旧还在媒体这个大行业里，但聚焦在新媒体的赛道上。

行业的核心性质没有变，功能没有变，改变的只是传播方式——大众传播变成了小众传播、个体传播。

做副业，跨出第一步（得到"人点燃人"）

很庆幸我跟上了趋势，也确实下场做了。

中年人转型谈何容易，会受到很多客观的限制和主观的禁锢——精力不及年轻人；上有老下有小，不能离家太远，出差不能太久；不能没有工作，不然无法养家还贷；认知和能力跟不上时代，对从事新行业有畏惧心理等等。所以，我建议你在现有的工作之外，尝试做一下副业。一来是有基础的经济来源，不会因为没有现金流而出现生存问题；二来是让充满焦虑的自己保持相对清醒，不会因为只有华山一条路而冲动地做出决策；三是如果主业与副业在资源上有关联，那尽可能在辞去主业之前完成副业的原始积累。

◇ 选择方向

其实我确定副业方向并不顺利，因为新媒体刚起来，很多规则不明确，业务方法也不透明，大家都是摸着石头过河，更搞不清楚别人是怎么成功的，但我的研究分析能力还是有的，于是开始了调研。关于副业方向的选择，我认为有三类。

首先是基于资源的副业。 在需求普遍存在的情况下，谁掌握一手客户或者性价比高的供应链，那生意自然会找上门，所以，如果自己在某方面有很好的上游资源或下游客户，那往这方面转型是不错的选择。

其次是基于能力的副业。如果在原有行业的技能能复用到新兴行业或热门赛道上，那我觉得最好尽快转型，可以让原有技能在另一个行业里继续发挥作用，甚至降维打击（比如电台主持人去做新媒体主播）。

再次就是我的选择，即基于需求的副业。因为刚好有朋友找到我，认为我是做视频媒体的，应该知道新媒体怎么做。

于是，我用逻辑分析和结构化的思维方法把自己的 60 分水平说到至少 80 分，让别人认为我真的懂（后来做的时候，我是真懂了）。

我迅速搜集资料和分析调研，大概了解了行业数据以及新媒体的玩法，迅速建立了自己的方法论和思维模型。

◇ 实际操盘项目

确定了副业后，就需要真正下场干一次，而不能瞻前顾后、犹豫不决。

当然，我很理解人到中年，不可意气用事，做副业需要谨慎对待，特别是至少还要有一份工作维持生计。万一副业严重影响了主业，就得不偿失了。

是的，于我而言，恰好此时自己的主业工作比较灵活，跑业务不需要时刻在岗，于是我就趁业务不忙或者晚上实际操作这个项目，我甚至专门成立了一个公司去签了我自己的第一个商业合同。

需要强调的是，我不是一个人在战斗。在互联网时代，随时都能找到人帮我。我的"云上团队"让我敢在我还不太懂的领域承接真实的商业项目，他们给出承诺，我就能完成。前提是要能混进这个圈子。

混进圈子最高效的方法就是参加这个圈子的学习课程和行业群，这样可以快速学到这个行业的基础知识，也能了解这个行业的玩法，更重要的是认识行业内的一些从业人员,方便自己在需要时迅速组建"云上团队"。

◇ 总结经验,提炼方法(思维模型)

当然,实际的项目不能做完就结束了。对于难得的一次实操,一定要总结经验、提炼方法,提升下次接单的成功率。

我还在项目约定的 KPI 要求的基础上,给客户提供更大的价值。首先是投入额外成本,获得了超预期的结果;其次是根据实际数据,归纳总结了产品在新媒体投放的规律和特点;最后根据操作的结果,我得出了结论并给出了建议——这就是客户最想要的,并不是花了钱,看到结果就交差了,而是能通过结果看到最终用户对他们产品的反应和需求趋势,以便他们在后续投放决策时能做出更优的选择,这也会让他们觉得我是非常专业的。

成就自己的未来

紧跟市场大趋势

确定未来的目标时,一定要着眼于大方向,紧跟市场趋势,在已经或即将爆发的市场里跟着大部队走,而不是在已经萎缩的市场里抢占头位。

"大势不可违""选对方向,你躺着也比别人跑得快"……只要进入了快车道,你看到了别人是怎么赚钱的,便会知道自己的着力点,下一步持续优化就好了。因此,在确定未来目标时,我们应该注重市场趋势和大方向,以便更好地实现我们的转型(创业)计划。

争取站在降维打击位置上

因为人到中年，你不可能还能如 30 岁前那样精力充沛，需要用四两拨千斤的方法开启副业，这需要站在高位上俯瞰新的领域，争取以降维打击来切入。尽量选择行业平均综合能力比你弱、行业集中度低的赛道。

我发现新媒体的从业者大部分是进不了传统官媒的非重点高校媒体专业的毕业生，甚至是职校传媒专业或非媒体专业的小年轻。另外，我发现这个行业因为信息不太透明，行业集中度很低，没有所谓的头部玩家，这时候就比较适合个体参与。

相比用电商思维做新媒体的人，我将发挥我的优势——逻辑分析、结构化思考、思维模型运用等，从业务底层去了解新的行业，用执行——数据反馈——复盘迭代——优化执行的正反馈闭环，实现对业务的把控和优化。

转型创业需要方法

转型副业，其实也是创业的一种，美其名曰"带薪创业"。创业是有方法的，需要"学习""出圈"和"IPO"。

◇ 学习——认知升级，思维模型

首先，需要"学习，认真学习，持续认真学习"。

我转型的基础，是我自 2017 年连续两次创业失败后，开始持续认真学习——在**混沌学园**学习"一思维"和思维模型、在**得到高研院**和 App 学习管理知识体系、在**一堂**学习创业课程。

只有学习，才能让人保持开放的心态，持续提升认知，并不断完善自己的思维模型，更好地适应变化、抓住机会。

所以，未来我会继续学习，坚持做一名终身学习者。

◇ 出圈——保持空杯，人点燃人

其次，一定要跳出现在的圈层，去更高维度的圈层认识更多的圈外朋友。

保持空杯心态，用接纳的心态与别人深度交流，跳出思维禁锢，发现新的机会。

"人点燃人"，不同的思维会碰撞出令人意想不到的火花，让你对自己有新的认知，发现新的机会。

这就是我过去几年参加学习的另一重要收获，我也会持续地出圈，通过与圈外人的深度沟通，保持对未来的清晰认知。另外，有部分客户也是这样认识的。

◇ IPO——科学创业，相信成长

再次，学习不是目的，提高认知和能力才是目的。

将学习输入的认知和方法进行实践输出，简称 IPO 模型（Input Process Output，即输出倒逼输入）。

不是每个人创业都能成功，也不是创业成功的人都有天分，但每个人都会因创业而成长，成为一个新的自己。我转型创业不是盲目的，因为我学习了科学创业，先是提升认知，接着学习方法、提炼模型，最后就是实践输出——持续"IPO"循环，实现迭代升级。

相信成长的力量，相信未来的自己终将超越现在。种树最好的时间是 10 年前，其次就是现在。行动起来，发掘你能触及和参与的行业，启动你的副业，走上你的转型之路。或许很快，你就能实现副业超越主业的目标，完成中年人的成功转型。

期待中年的你，转型副业成功！

相信成长的力量，相信未来的自己终将超越现在。

无限进步

我的医学科研思维模型

■ 王慧美

复旦中山医院博士
医学科研辅导专家
从 0 到 1 搭建垂直领域运营服务体系

大家好，我是慧美，很高兴跟大家分享我的医疗科研思维模型。我先快速做个自我介绍：

1. 复旦中山医院博士，有 10 年科研经验，发表了 13 篇 SCI 论文、5 篇中文核心期刊论文。

2. 创办了一个垂直领域公众号（9 万多人订阅）、一个社群（5 千多人活跃在其中），建立了全职团队（26 人）。

3. 业务连续 3 年增长率超过 50%，年营收额达到 3000 万元。辅导 500 多名医学生考入清华、北大、复旦、交大，1000 多名医生发表了 SCI 论文，晋升了职位。

我专注于为中国医生提供高性价比的科研相关的教学和服务，以下是我的成长历程。

第一阶段：缘起（2012—2016 年）

2012 年，我上大二，迷茫和绝望笼罩着我。作为中西医结合专业的学生，我面对越发艰难的医学方向，考研成了一条出路。一位师姐的成功经历让我豁然开朗，她通过参与大学生研究项目（SRT）并发表多篇论文，成功考入复旦大学。我意识到，科研经历是提高考研成功率的关键，于是我制订了一个 3 年计划，致力于科研，决心考入复旦。

我的解决方案是先加入，再模仿。我努力参与科研项目，并取得了一定的成果。首先，我报名成为一门实验生物学课程的实验助手志愿者。通过向师兄请教，我学习了撰写文章、使用分析软件和设计实验方案等科研技巧，打开了科研的大门。接着，我积极参与学校的 SRT 志愿者项目。通过这个项目，我结识了师姐们，并深入了解了申请 SRT 的细节。我用心地帮助她们，与她们建立了深厚的友谊。这个项目让我学到了很多关于申请 SRT 的实用知识。

在收集了大量资料后，我开始实施我的计划。我第一时间报名申请了当年年底的 SRT 项目。对于选题，我选择了一个差异化的研究方向——招募刮痧/拔罐治疗青春痘患者的对比研究。我发现该领域尚未有人发表过相关文章，因此这个选题具有创新性。同时，我借鉴师姐的研究经验，增加了实验组的类型，使得项目更具创新性。

回顾这段经历，我运用了三个思维模型。**首先是模仿**，我模仿国家级 SRT 项目的选题设计，因为这是我当时所能接触到的最好的科研项目，所以选择这样的模式几乎不会出错。**其次是二次创新**，通过改变实验组的分组和患者人群等方式，我提出了一个创新的科研项目。**最后是预先调研**，通过与师哥师姐的接触和调研，我详细了解了申请 SRT 的全流程和论文产出等细节。

通过 SRT 项目，我发表了两篇核心论文。同时，通过帮助同学和老师整理数据及写论文的方式，我陆续发表了三篇核心论文。最终，我以初试第一和复试第一的成绩考入了复旦大学基础医学院，攻读硕士学位。

这段经历让我对科研产生了浓厚的兴趣，决定从此致力于科研工作，不再考虑成为临床医生。

第二阶段：入局（2016—2017 年）

在复旦大学读硕士期间，我接受了职业科学家的科研训练。初读研究生的阶段，满怀斗志的我每天都充满激情。复旦大学给了我机会，我下定决心，要在顶级期刊上发表论文，成为顶尖科学家，为中国的富强而努力。

在上研究生的第一年，我的工作日常如下：

1.上课。

2.跟随五位师兄、师姐做各种实验，如配种、换饲料、清洗笼子、洗涤容器、制造抑郁症老鼠模型、取样、记录数据、分析数据等等。

3.刻苦练习实验技巧，经历了杀死1000只老鼠（被咬了3次，接种狂犬疫苗1次），掌握了从不同脑区取样和缝合的技巧，熟悉了各种分子实验方法。

4.听各种重要的中英文讲座。

研一结束时，我总结了自己的学习经验：

1.在师兄、师姐的指导下，我完成了很多机械性的工作，我发现他们有时候对实验原理不太清楚，只是按照实验步骤进行操作。**我决定提前了解师兄、师姐即将要做的实验，提前一天在网上查找原理和步骤，并做好准备**（准备工作非常重要）。

2.实验存在偶然性和不确定性，有时能成功，可下次就不一定了。**我决定提前做一些短期预实验（花几天到一周的时间），以避免一个实验在进行半年后失败（最小可行性产品）。**

为了验证实验结果的稳定性，我决定多做几次重复实验，并尝试改变时间和验证维度，采用交叉验证、多种动物模型、细胞系模型以及统计学参数联合分析等方法，得出更可靠的结果。

3.对实验要怀着敬畏之心，提前做好准备。

同一实验的步骤可能因使用不同品牌的试剂而有所不同，所以如果更换品牌，需要提前准备好试剂。

如果需要在实验室紧俏的空间（如细胞培养室）里使用，要提前预订，不要临时决定使用。

在实验前几天，就要准备好所需材料，并准备一些额外的试剂量，标明使用人和用途（以防试剂断供或被他人误用）。

4.不要完全依赖说明书，不要盲目追随权威，要通过实践获得真知。

试剂的使用剂量不能完全按照说明书来，很多时候需要自己摸索，找到最佳使用剂量。说明书只是参考，因温度、实验环境和试剂组合等因素的不同，最适合的用量也会有所区别，所以要记录下来，保持前后实验的一致性。

在每次实验的前、中、后阶段都要有详细准确的记录，包括试剂用量和分析参数等，不能马虎。

5.技术高超并不能代表自己功力深厚，思路才是关键。

我参加了很多大咖的讲座，**发现真正顶级的科学家都有严密的推理和论证逻辑，能通过不起眼的实验手段得出严谨的结论。**顶级科学家常常通过解决一个科学问题，并运用严密的论证方法来阐述解题过程。不要盲目追求提升技术，技术只是锦上添花的手段。

这段经历让我认识到，提前准备、短期预实验、多样验证以及保持对实验的敬畏心，这些都是取得可靠结果的关键；同时，我也意识到不迷信权威、脚踏实地的重要性，以及技术与思路的区别。

第三阶段：小试牛刀（2018—2019年）

2018—2019年，是我科研之路的转折年。通过2年的准备，我在这段时间内撰写了10篇SCI论文。自此，我深刻领悟到了一个重要的道理：靠自己的努力撰写科研论文是非常关键的。

首先，我开始愿意在科学研究上投资。我购买了许多科研相关的知识付费内容，并结合自身项目进行反复实践。导师们开始夸奖我，并请我在课题设计、文章撰写等方面给其他同学提供帮助。通过科研课程的学习，我成功完成了第一篇 SCI 论文。

其次，我从科研中获得了认知和经济回报。加入一个科研社群后，凭借出色的写作能力，我吸引了许多优秀的伙伴，成为社群中的大师姐，并向其他会员提供帮助。我还开设了一套系列课程，吸引更多学员向我请教问题，并与他们合作研究。合作发表了 4 篇文章，掌握了快速发表 SCI 论文的技巧。

最后，我结识了一位博士后导师，他已发表了 200 多篇 SCI 论文。我向他请教问题并介绍中国传统文化，由此建立了深厚的友谊。这位导师教我发表 SCI 论文，并帮我修改了 4 篇综述类文章。

在这个过程中，我形成了以下几个思维模式：

首先，研究需要和比自己厉害的人交流并提供有用的价值。要保持虚心学习的态度，学习借鉴他人的成功经验。

其次，抓住展示自己的机会，让他人了解自己具备的技能。在与导师的沟通中，及时汇报自己的成长进展。

最后，合理规划时间和目标，并考虑投入和产出之间的比例。目标需要进行阶段性调整，不断前进。

在攻读硕士阶段，我发表了 10 篇 SCI 论文。由于未能进入理想学校读博，我决定暂停一年后再出发。师父邀请我加入公司，从事数据分析工作，并帮助我推荐博士导师。在复旦大学担任博士助理一年后，我顺利获得了读博士的名额。同时，我开始负责数据分析部门，并搭建了数据分析产品线。

第四阶段：系统/结构（2019—2023年）

2019—2023年这5年，我经历了从职场新手到成熟职场人的蜕变，同时兼顾博士课题的挑战。在这个过程中，我通过自己的努力，取得了巨大的进步。

开始，我独自一人负责整个团队，尽管经历了师父的批评，但也因此取得了很大的成就。为了系统地提升我的工作能力，我开始学习付费课程，学习运营增长、团队管理、知识管理和思维模型，并将理论与实践相结合。

在2019年下半年，我与师父合作开设了生信体系课程，并招募优秀学员加入。此外，我还通过销售、分析、写作和指导等方式提供生信服务，实现了100万元的营收。

2020年，我成功完成了生信体系课程建设，并组建了生信学习社群，与大家共同打造精品课程和训练营。我还创建了一个垂直领域的公众号，并尝试了相关推广方法。生信服务业务营收达到了600万元，并招募了社群和朋友圈中的兼职人员。

2021年，我开始培养社群中优秀的讲师和助教，一起创办更多精品课程、训练营和服务分析师。同时，我还在视频平台和B站直播课程。生信服务业务营收达到了1000万元，我进一步筛选了兼职人员，并在社群中培养出优秀的学员充当分析师。我促成了与本科导师进行中医数据分析合作，实现了200万元的营收；与华大进行测序业务合作，获得了80万元的营收。此外，我开发了生信数据分析工具，实现了400万元的营收。

2022 年，我的公众号粉丝突破 8 万人，我开始开展生信导学营、会员营、直播营、成长营等项目，并持续直播课程。生信服务业务营收达到了 1500 万元，我组建了一个拥有 20 人的全职团队，包括销售、分析、写作和内容方面的人员。生信数据分析工具内容和转化也取得了 600 万元的营收。

截至 2023 年，我的公众号粉丝突破 9 万人，我继续专注于垂直领域客户的精细化运营，包括制作海报、举办陪伴营、进行直播和推广公众号。服务业务的目标营收为 3000 万元，全职团队规模将扩大到 26 人。此外，我还将进行 AI 知识库的积累，包括写作、代码整理、数据集清洗和 FAQ 问答整理等工作。生信数据分析工具的内容和转化预计能够带来 800 万元的营收。

通过良好的顶层设计、多维度验证、用户分层与卖点提炼等策略，并重视沉淀知识库和人才、资料备份，我们可以在业务和科研中取得更好的成果，确保团队的稳定和可持续发展。

写在最后

我现在越来越有对创业成功的笃定感。

我坚信通过系统化的科学的创业方法论，我能够迅速入局并做好工作。我相信初期靠运气和资源积累的实力，会让我越来越胜任当前的工作，并能抓住未来的机遇。

我将不断传递这种持续学习和思维模型的理念给我的团队，鼓励他们不局限于眼前，而是放眼于更长远的未来，我们可以一起做更多的事情。

我期待在未来的 10 年里，我们有机会成为科学教医生企业中的良心之选，成为互联网知识付费领域的最佳实践案例，改变中国医生从事科研的思维和模式！

随着 AI 智能风口的到来，我们拥有了更多的可能性，也具备了改造行业的武器。未来充满着希望和机遇，我坚信我们能够实现目标！

我坚信通过系统化的科学的创业方法论，我能够迅速入局并做好工作。

无限进步

AI 会不会取代人？

■ 三旦旦

AI 领域创业者
懂业务的技术合伙人
得到北京校友会核心成员

AI 能解决所有问题吗？

大家都知道，现在 AI 已经很厉害了，AI 会写诗、会写文章、会画画，甚至还会做视频，那么，AI 能解决所有问题吗？

我们来看一下经典的理发师问题："小明只给所有不给自己理发的人理发，请问小明能不能给自己理发？"AI 是这么回答的：

小明不能给自己理发。这是因为如果他给自己理发，那么他就不再是"不给自己理发的人"的一部分，那就违反了他只给"不给自己理发的人"理发的原则。另一方面，如果他不给自己理发，那他就是"不给自己理发的人"的一部分，应该给自己理发。这两种情况都产生了矛盾，因此我们可以得出结论，小明不能给自己理发。

这其实是一个著名的逻辑悖论，又称作"理发师悖论"。

AI 竟然能发现里面的矛盾，但是 AI 给出了一个"小明不能给自己理发"的结论，不知道它为什么得出这样的结论，显然这个结论不能说服大家。对不对？所以，AI 也不能解决"理发师悖论"这个数字问题。

AI 算是计算机程序，也就是属于计算机系统。当前，所有的计算机系统都是根据"图灵机"来设计的。

什么是图灵机？图灵机是图灵老爷子在 1936 年提出来的一种抽象的计算模型。简单来说，就是一条很长的纸记录了一些信息，我们称之为"输入"；经过"程序"的一些处理，得到一些"输出"。现在的 AI 也很类似，给 AI 一些"提示词"，AI 经过处理，就会返回一些"输出"，"输出"可以是文字，也可以是一幅画，甚至可以是视频。

图灵机是 1936 年提出的，那个时候还没有发明计算机，但是图灵机已经证明了可计算问题都可以交给机器解决。

什么是可计算问题？举个例子，大名鼎鼎的哥德巴赫猜想被誉为世界近代三大数学难题之一。2013年，有人证明了哥德巴赫猜想其中的一部分，但是另外一部分还没有被证明。当我问AI，如何证明还没被证明的猜想，即"任何一个大于2的偶数都可表示为两个素数之和"时，AI回答道：

目前，哥德巴赫猜想（即任何一个大于2的偶数都可以表示为两个素数之和）尚未有一般性的数学证明。

哥德巴赫猜想目前仍然是一个开放问题，尚未找到全面且一般的证明方法，解决这个问题可能需要更多的数学创新和突破。数学家们仍在这个领域积极研究，但目前我们还不能给出一个确定的证明。

AI知道什么是哥德巴赫猜想，但它也无法证明。

会写代码的人应该知道，"任何一个大于2的偶数都可写成两个素数之和"用代码很容易写出来，只要写一些循环语句，让计算机从4循环到N，只用不到十行代码就能写出一个程序来证明。但是，这个程序运行不出结果，即使把全世界所有的计算资源拿来运算，都运算不出来。通常情况下，计算机20年都运行不出结果的问题，被认为是无法解决的问题。

可能有人会说，以后用量子计算机就能算出来了。量子计算机比普通计算机的运算速度快，但是快并不能解决"不可计算问题"。比如说，可以加快火箭的速度，但是无论怎么加快，也不能超越光速。所以，哥德巴赫猜想就不是一个"可计算问题"，至少现在是这样。图灵机没办法解决这种不是"可计算问题"的数学问题。可计算理论本身还没有完全解决，就是说，如何判断一个问题是否可计算，或者找到计算的方法，也都还没有解决。

数学家哥德尔已经证明了数学的不完备性定理",即有些数学真理即使是对的,也不能被证明,所以,"可计算问题"只是数学问题的一部分。

总结一下,**AI 是计算机系统,现有计算机系统是图灵机,图灵机只能解决"可计算问题","可计算问题"只是数学问题中的一部分。即所有问题 > 数学问题 > 可计算问题 > AI 可解决的问题。**

AI 通过了图灵测试?

有人会说,不对啊,AI 不是已经通过了图灵测试吗?那不是证明 AI 已经有人类智能了?

什么是图灵测试?即把真人和机器分别隐藏起来,让真人测试者分别跟真人和机器对话,然后判断哪个是真人,哪个是机器。如果 30% 的测试者判断错了,就认为机器具有了人类智能。

当年图灵预计在 2000 年,就应该有机器可以通过图灵测试,可是直到 2014 年,才有机器通过了图灵测试。2016 年,AlphaGo 击败了围棋世界冠军李世石。所以,AI 的"智能"在不断提高,但是通过了图灵测试并不能证明机器完全具有了人类智能,只是说 AI 在某些方面做得比人类好。

大脑有多智能?

AI 只能解决一部分的数学问题,那人类能解决多少问题呢?让我们看看大脑神奇的几个方面。

遗传

人类通过基因进行能力传递,婴儿天生就拥有很多技能。婴儿会自主呼吸、主动找吃的,遇到危险会紧张、害怕,用哭泣来传递信息。甚至有研究发现,父母的情绪、习惯都有可能留下痕迹,传递给子女。

婴儿就像一台刚出厂的手机,有很多初始的功能。婴儿与计算机相比,具有独特的能力和优势。

- **感知和理解能力**。婴儿能够通过视觉、听觉、触觉和嗅觉等感官系统感知和理解世界。他们能够感知和识别不同的声音、面部表情、物体和环境元素,通过触摸等方式探索周围的事物。
- **学习和适应能力**。婴儿通过观察、模仿、实践、积极的试错学习和经验积累,不断提高自己的认知和行为能力,快速适应新的情境和变化。
- **创造力和想象力**。婴儿能够自主地探索和发现,并在玩耍中产生和形成新的联想和概念。这种创造性思维对于学习和解决问题具有重要的促进作用。
- **情感和社交能力**。婴儿能够表达情感和情绪,并逐渐学会理解他人的情绪。婴儿在与他人的互动中建立情感联系,并逐步掌握复杂的社交技能。
- **意识和主观体验**。婴儿能够感受自己的存在和身体感官经验。婴儿的成长是一个综合的过程,涉及身体、思维、情感和社交的全面发展。

这些特质使得婴儿在感知、学习、创造和社交等方面比计算机表现得更为出色。

情绪

情绪的产生与大脑机制有密切的关系，并且情绪的产生和调节是一个非常复杂的过程，涉及多个因素，包括遗传、生理、环境和个体经验等。情绪又是主观的个体体验，每个人对特定情境的情绪反应可能会有所不同。同时，情绪也可以是动态的，随着时间和情境的变化而变化，而且会受到认知、文化和社会因素的影响。

都说带着情绪的时候，千万不要做决策。 在情绪影响下所做的决策很可能是非理性的，非理性似乎天生就与数学对立。数学是一门严谨的学科，而非理性则涉及人类思维和行为中的一些非逻辑和非数学的因素。

AI 有没有情绪？人们尝试使用 AI 识别和分析人类情绪的表达和情感状态。通过分析声音、面部表情、文字或其他传感器信号，AI 可以尝试推断人类的情绪状态，并提供相应的回应或支持。现在 AI 的所谓"情绪"，是人们量化情绪之后赋予 AI 的，或是 AI 根据算法自我习得的技能，仍然在数学范畴内。

艺术

AI 的绘画能力惊艳了大家。AI 可以模仿各种绘画风格，在绘画技巧和艺术表现方面都可以与人类相媲美。

其实艺术和数学之间存在着非常紧密的联系。在艺术创作中，数学的概念和原理常常被用来构建艺术作品的结构和形式，例如，黄金比例、对称性、几何形状、透视等数学概念常在艺术作品中被运用。数学可以帮助艺术家理解和创造美的结构和模式，数学的计算和建模能力可以为艺术创作提供新的工具和方法。艺术则通过形式、色彩、线条等传达艺术家的情感和思想，这些元素在某种程度上可以通过数学原理进行分析和解释。

AI学习绘画的大致过程可以总结为数据收集、模型训练、特征提取和创作生成四个步骤。由此可以看出，所有能力的获得都是在逻辑框架内，这也是为什么AI绘画常被认为没有"灵魂"。AI在创造和表达艺术上可能缺乏直觉、情感和创造力，这些是人类艺术家独有的能力。

但是，艺术本身就是一个主观的东西。如果告诉观众，绘画作品出自AI之手，观众可能自然而然地觉得没有"灵魂"，也许这也正是人和机器的自然区别——情感。

未来

有大量的人类行为研究发现，人类有一种特质会关注未来，所以，大脑思维的最大优越性并不在于对已有技能和收获知识的认知能力，而是对未来的无限想象和创造能力。我们的幸福感更多地来自我们对未来的憧憬，同时，很多的困扰和纠结，也来自我们对未来的担忧。

人类大脑还有一个特殊的机制，就是总试图影响和说服别人。大多数人都好为人师，想说服别人接受自己的思想，这是创新中特别重要的技能。毕竟人是群居动物，不能过于特立独行。

在认知和思维方面，大脑的优势可能在于我们能够创造、想象、计划，追求非传统方式，或者为了追求感知和理想而自我欺骗、诱惑，甚至接受破坏现状的决策。

未知的大脑

人类意识的产生和原理是否属于数学问题？人类的大脑是由物质构成的，遵循物理原理，是物理过程。进一步来看，物理过程和数学之间有何关系呢？所有的物理过程是否都可以由数学来解决？

到目前为止，人类对自身的大脑知之甚少。

人类的意识是一个复杂而多层次的现象，其产生和原理涉及神经科学、认知心理学等多个学科领域。尽管数学在一些方面可以帮助解释和理解意识现象，但它并不能完全涵盖和解释意识的所有层面。

人类的大脑运作遵循物理学的原理。大脑中的神经元通过电信号传递信息，这符合物理学中的电生理原理，也涉及化学、生物等其他原理。

数学为物理学提供了严密的推理和建模工具，可以量化和描述物理现象。物理学中的方程和理论往往由数学表达，数学模型可以用来预测和解释物理过程的行为。然而，并非所有的物理过程都可以完全由数学解决。有些物理现象非常复杂，难以用简洁的数学表达式完全表示。此外，量子力学和相对论等物理学，在某些情况下也涉及与传统数学不完全一致的数学框架。所以，人类大脑还有很多的未知领域需要我们探索。在探索的过程中，AI 可以成为我们的助手。

AI在创造和表达艺术上可能缺乏直觉、情感和创造力,这些是人类艺术家独有的能力。

无限进步

借力私董会,开启领导力修炼之旅

■ 闻腾达

私董会传播人

广州十三行私董会联合创始人

观达企业咨询创始人

我叫闻腾达，1989年出生，是一个生活在广州的河南人。这2年来，我给自己贴了一个新的标签——私董会传播人。

我相信，我一定是中国最热爱私董会的人之一。在过去的3年多里，我参与或主持了三百多场私董会。

热爱，源于正反馈。我通过私董会获得的是什么样的正反馈呢？

一种理解并接纳自己和他人、助力自己和他人找到关键问题、成就更高价值的领导力。

觉醒，找到人生使命

一个人生命中最大的幸运，莫过于在他的人生中途，即在他年富力强的时候，发现了自己的使命。

——茨威格

"找到关键问题，成就更高价值"，这句话对于我而言，意味着什么？

这要从我的职场生涯说起。

截至目前，我的职场生涯，大体可以分为三段。

第一段，初出茅庐，小试牛刀。

大学刚毕业时，我在中铁七局海外公司从事项目管理工作。

第二段，为爱奔赴，职场升级。

2015年，从海外回到国内，我去了爱人所在的城市大连，在一家跨国民营企业度过了几年不用天天出差的时光，完成了职场上的快速升级。从总裁助理，到海外中心负责人，再到集团副总兼战略计划部部长，这段经历让我提升了企业全局视角和业务实操能力。

第三段，探索使命，转型咨询。

2016年，我有缘去了和君商学院系统学习了企业经营管理的商学知识，立下了一个10年的志向。当时虽未立志转型咨询，但渴望能够从事帮企业"成就更高价值"的工作。

2019年，担任战略计划部部长时，我的第二份工作遇到了危机。

我与老板对于战略的认知，出现了非常大的分歧。

老板希望公司能够多元化发展，公司希望多个新业务的探索能够开花结果。而我则发现，多元化业务对主业的"吸血"已经导致了主业"失血"过多、岌岌可危。而多个新增业务从周期上看并不属于3年内可快速实现盈利的业务。雪上加霜的是，企业的现金流问题日益严重。

我不忍看着企业走进坟墓，非常焦虑。和身边的高管交流，发现很多人甚至有了抑郁的症状。

这个时候，**摆在我面前的问题是我要怎么做？是忠诚和服从，还是抗争和求变**？

我苦思良久，痛苦挣扎。自我的道德感始终束缚着我，使我无力挣脱。

最后，一个灵魂问题击中了我。我是想要做一个愚忠的"与城共亡的臣子"，还是想要做真正对老板、对社会有更高价值的事？

面对这个关键问题，成就更高价值，是我做出的选择。

真正重大的决策往往不是在一好一坏中做出来的，而是在信息并不全面的情况下，"两善相权取其大，两害相权取其轻"。

我开始说服老板做好战略聚焦，将主业独立出来，以凝聚团队信心，先止血，后造血。为此，我撰写了相关的测算和方案。

可惜，多番努力，最终无果。

而后，我与老板相约一起泡了次温泉，坦诚相见，真心直言，最终，和平分手。

回首过往，我非常感恩这位老板和这段经历。

熊培云说："一个人，在他的有生之年，最大的不幸恐怕还不在于曾经遭受了多少困苦挫折，而在于他虽然终日忙碌，却不知道自己最适合做什么，最喜欢做什么，最需要做什么，只在迎来送往中匆匆度过一生。"

斯蒂芬·茨威格说："一个人生命中最大的幸运，莫过于在他的人生中途，即在他年富力强的时候，发现了自己的使命。"

回到最初的问题，"找到关键问题，成就更高价值"，对于我而言，关键问题意味着什么？

成就更高价值，是我在三十而立之年，为自己的余生定义的使命。而找到关键问题，是我"成就更高价值"的方法。

缘起，遇见私董会

如果我有一小时拯救世界，我会花55分钟确认问题，只花5分钟寻找解决方案。

——爱因斯坦

带着成就更高价值的人生使命，2019年，我从大连举家搬到了广州。

来到广州后，诸事皆顺。

只用了短短一周时间，我就顺利进入了一家阿米巴领域的头部咨询公司，更为重要的是我拿到了得到高研院的录取通知书，开启了我和私董会的缘分之旅。

什么是私董会？

私董会，全称是私人董事会，它起源于欧美国家的同僚咨询小组，是一种新兴的高净值人群的学习、交流与社交模式。它完美地把高管教练、行动学习和深度社交融合起来，核心在于汇集多元思维和跨行业的群体智慧，探索解决企业经营管理、关键决策、人际关系中比较复杂而又现实的难题，助力企业家和高管群体提高领导力。

私董会有两种主要形式：一种为单场式的私董会，是一种有设计的流程化的高效会议形式，旨在帮助案主加速思考和探索解决关键问题；另一种为固定小组式的私董会，旨在帮助组员建立深度的信任关系，基于"信任、关怀、挑战、成长"的价值观，催化组员打开自己、建立自我觉察，共同提高领导力。

私董会有什么样的价值呢？

得到相关的大课有两个版本的标题。一个是"怎样成为会借力的高手"，另一个是"怎样用私董会技术做关键决策"。

当然，这仅仅指开一场私董会对案主的价值。

私董会固定小组对企业家和高管群体的价值更大。

在《真北团队》一书中，有这么一段话："请你扪心自问，在面临艰难抉择时，你会到哪里去寻求建议与意见？你能指望谁给你能量，来帮助你度过最艰难的时期？谁会非常坦诚地指出你的盲点？在失去工作、创业濒临失败、婚姻破裂或面临致命疾病时，你会向谁倾诉？"

在过去3年里，我有幸在私董会中7次成为案主，也就是抛出个人问题的求助者。私董会的目的是借力，发现自己的视角盲区，看见自己的"我执",提升自己的认知。

例如,有一场私董会,我提出来的一个问题:作为咨询顾问,如何改变固执的强调服从的客户?

通过那场私董会,我获得的最大的认知突破是:**不要给任何对自己重要的人贴不好的标签,要学会发现每一个行为背后向善的动机。**

还有一场私董会,我提出来的问题:作为一个 IT"小白",我如何统筹企业的信息化系统建设?

这场私董会帮助我快速了解了一个全新领域的全局地图,认识到了信息化、数字化的底层逻辑和对企业的战略价值,并在多名专家幕僚中筛选了一位,作为我客户公司的信息化系统特聘专家顾问。借力这场私董会,我突破了自己的能力边界,面对挑战,完成了从"我本不足"到"我自具足"的心态跃迁。

当然,有些私董会的案题,我无法跟信任不够、交情不深的人交流。阿仁加速器的人生幕僚 013 小组是我参加的第一个私董会固定小组。在半年的深度社交之后,我抛出了一个当时身处低谷中的自己想要探究的问题:如何改变不那么好的自己?

小组组员们在不断的深挖提问中,倾听了我的状况,带着我重新定义了这个关键问题。他们还分享了各自的低谷经历,告诉我:"不管你是什么样的人,我们都愿意爱你。"这场私董会前后持续了一个月之久,让我从被看见到被理解,到自我觉察,到真正地悦纳自己,心力和能量发生改变,再到行动的改变。这些,将是我受用一生的财富。

在我三百多场私董会的亲身实践中,我真切地感受到,私董会有以下 6 个价值:

50 分价值——缓解压力:被看见、被理解,有输出、有启发,

减负轻装前行。

60 分价值——加速思考：聚焦重大议题，探索关键问题，构建多元视角。

70 分价值——探索方案：重新理解目标，洞察障碍卡点，制订解决方案。

80 分价值——借力高手：对接专业大咖，获取实战案例，增信任、促合作。

90 分价值——自我修炼：建立自我觉察，突破认知瓶颈，升级心智模式，锻炼提升主持、提问、倾听、咨询等能力以及教练式的领导力。

100 分价值——向上跃迁：加速个人成长，提升跨圈层底蕴；加速企业成长，提升企业生命力。

据国外私董会第一组织伟事达统计，拥有私董会的企业，其成长速度是其他企业的 2.2 倍。而据邓白氏公司统计，这一数据为 2.5 倍。

即便是在疫情期间，拥有私董会的企业都有比同行更优异的表现。2020 年的调查结果显示，当美国普通中小企业在疫情影响下出现负增长的时候，加入伟事达的公司依然取得了 4.6% 的正增长。

私董会怎么开？

简单来说，四个步骤：**案主抛出案题，幕僚提问，反馈建议，行动承诺。**

在这四步中，耗时最长的是提问环节。提问环节之所以耗时最长，是因为它起到了三个至关重要的作用：探究事实和真相、澄清问题的多元视角、重新定义和理解关键问题。

爱因斯坦说："如果我有一小时拯救世界，我会花 55 分钟确认问题，只花 5 分钟寻找解决方案。"而私董会，就是探索关键问题时最重要的工具以及最好的修炼道场。

总结收获

2019 年，刚刚接触私董会时，我刚从大连迁到广州，转行进入咨询行业。

那时，我还是一个连提问都会紧张的"小白"，是一个总想着给客户下诊断、给建议的咨询新手。

在三百多场私董会之后，经历了三百多个真实的商业案题、个人成长困境，我成为被客户认可的最会设计和主持会议的团队工作坊主持人，成为会倾听、会提问、能共情、有洞察力的高管教练，成为能够帮企业突破组织瓶颈和增长瓶颈的咨询顾问。

我的收获，首先是来自广州十三行私董会的单场式私董会。

回首这 3 年来，我最庆幸的是在 2020 年疫情之初的一个晚上，加入广州十三行私董会的共创，那是个浪漫的开始。自那之后，我在私董会中遇见了太多值得珍惜的人，遇见了太多改变我、丰富我、激发我的人。真正加深我对私董会的认知的，是在阿仁加速器人生幕僚 013 小组的经历。

在这里，我跟小组组员共同真诚探讨各自企业、家庭、个人成长的种种问题，我能从伙伴那里获得最真实的反馈，照见最真实的自己。我不断打开自己，看到了自己在低谷中软弱不堪的一面，收获了"不管你是什么样的人，我们都愿意爱你"的关怀，也得到了走出低谷的能量和陪伴式的支持。我们成为彼此的人生幕僚。

而私董会，就是探索关键问题时最重要的工具以及最好的修炼道场。

结语：你打算做什么，来度过宝贵的一生？

爱自己，是终身浪漫的开始。

我们终其一生都在回答一个问题："你打算做什么，来度过这宝贵的一生？"

助力自己和他人"找到关键问题，成就更高价值"，这是我的使命。

介绍自己时，我会这么说："我致力于用咨询和工作坊助力企业突破增长瓶颈；借力于私董会和教练技术，我期待自己能够陪伴企业家持续成长。"

私董会，将是我实现这一使命的重要工具之一。

期待和你一起借力私董会，"找到关键问题，成就更高价值"，共同修炼非领导式的领导力。

无限进步

此刻是百年难遇的 AI 的 BBS 时刻

■ 武世杰

AI 实际应用落地探索创业者
从 0 到 1 跑通过业务的技术合伙人
得到、一堂学员
科学创业方法论践行者

自从ChatGPT引爆生成式AI的热潮以来，人工智能已经成为百年难遇的巨大机会。许多科技企业的领导者都表达了类似的观点，比如，黄仁勋说："ChatGPT的发布是人工智能领域的iPhone时刻。"比尔·盖茨说："这是他一生中见到的除Windows图形界面以外最具革命性的技术。"马化腾说："我们最开始以为人工智能是十年不遇的机会，但是越想越觉得这是几百年不遇的类似发明电的工业革命一样的机遇。"

通过详细分析底层逻辑，生成式AI有可能对经济产生巨大的推动作用，未来很可能出现30年以上的黄金高速增长期，因为生成式AI有潜力将市场竞争格局从零和博弈转变为正和博弈。

我们解析工业革命推动经济增长的基本原理。在工业革命以前，社会生产以手工业和农业为主，效率普遍较低，商品的产量有限，难以满足人们的大量需求。而工业革命以大规模机械化工厂取代了个体的手工作坊，大幅提升了产量，在生产规模化的同时，还降低了生产成本和产品售价，让人人都能买得起优质产品，这就实现了消费的规模化。而生产规模化叠加消费规模化，满足了人们以前未被满足的产品需求，企业之间的竞争动力就变成不断地创造新产品，这样就形成了持续的良性正和博弈，市场也就不断扩大，推动了工业革命后全球GDP的指数级增长。但是随着技术的不断进步，产品种类越来越多，新的需求增长缓慢，导致目前市场重新陷入同质化竞争的零和博弈。

特别是最近几年，疫情冲击、地缘博弈更让全球经济增长举步维艰。很多人都认为，我们正在步入经济寒冬。比如，美国银行CEO莫伊尼汉表示："美国经济可能在今年（2023年）下半年和明年第一季度面临温和衰退。"英国工业联合会表示："英国将在2023年陷入长达一年的衰退。"看起来与自然界火热的夏天一同到来的，可能是经济上的寒冷冬日，我们需要做好在夏天入冬的心理准备，但这并非没有转机，马克·吐温有句话是这样说的："历史不会重复，但是会押韵。"

通过分析工业革命带动经济增长的规律，再看现在的数字革命，我们认为现在的人工智能技术已经逐渐成熟，进入了应用展开期，我们又有了与工业革命成熟期相似的新一轮正和博弈的经济增长机会。实际上，上一轮工业革命中生产规模化的特点是把服务固化到了产品里，人们需要购买一个特定产品实现自我服务。比如，买个冰箱为食物保鲜，这虽然能在一定程度上替代一般性服务，却难以满足高端服务的需求。比如，虽然大家平时都能吃到各种各样的菜肴，却只有少部分人能够品尝米其林三星级大厨做出的菜品。虽然大家都可以享受普惠的医疗服务，却只有少数人能让大师级老中医看脉。表面上是高端服务的价格过高，导致很多人难以负担，但本质问题是人力服务的精力和时间有限，而越高级的服务，就越难大量复制，这就让高端服务有很强的稀缺性。但是人工智能技术成熟之后，我们就可以在更大范围内满足高端服务需求。

从历史上看，这是一个逐渐成熟的过程。在软件时代，个别的人类经验可以用数字化的方式记录下来；到了互联网时代，全球的人类经验都可以被记录、汇总和分享；而到了人工智能时代，我们将汇总之后的人类经验做系统的分析，然后训练，再转化成服务输出给所有人。最重要的是 AI 不仅能复制一般水平的人类经验，更有潜力复制人类顶级专家的经验，这代表了人类历史上第一次实现高端服务的可复制化，这才是新一轮 AI 革命的意义与伟大之处。

具体来说，人工智能有四个特点：

第一，规模化。 如果 AI 能成功复制顶级专家的经验，就能让以前只有少数人享受的小规模高端服务变成大部分人可享受的大规模高端服务。这就能够刺激更多的消费,我称之为服务规模。

第二,个性化。人工智能还能根据不同用户的具体情况提供一对一的个性化服务,而不是像以前一样对所有人都提供标准化服务,这就是服务的个性化。

第三,普惠化。人工智能还有一个好处,就是用规模化降低成本。一旦复制了专家经验,提供服务时的边际成本就会递减,价格也会越来越低,让每一个人都能够负担得起高端服务的费用,这就是服务的普惠化。

第四,持续化。以上三点是人工智能革命与工业革命相似的特点,但人工智能也有其独特性,就是可以提供24小时不间断的持续性服务,这就是服务的持续化。

这样导致了新的消费思维的产生,因为大家真正需要的是持续的服务,以后产品将只是服务的一个介质和载体,因此,以前难以提供的大量的服务、以前不能被满足的服务需求都可以很好地满足客户了。就像工业革命以生产规模和消费规模带动经济增长一样,人工智能将以服务的规模化、个性化、普惠化和持续化带动一轮井喷式的增长,促进经济的高速发展。

除了经济的高速发展,人工智能还有一个很重要的作用,就是会推动社会的发展。经济学家迭戈·科明说:"一个经济体的强弱不取决于它引入先进科技的速度,而取决于使用先进科技的深度。"而基于人工智能的服务规模化能让人人都享受最先进、最深入的服务,无形中就推动了人工智能的普及和社会的进步。

另外,在人工智能时代,越是大众化的服务,水平会越高,而不是越小众的越高端。以前,很多奢侈品都标榜自己是手工打造的。比如劳斯莱斯会使用手工缝制的真皮座椅,但汽车的核心不是座椅,而是发动机。即便是劳斯莱斯，也不敢说自己的发动机是手工打造的，因为这种产品手工打造的一定不如批量生产的。所以在智能时代，很多规模化生产的产品反倒比小众的手工产品好。人工智能是需要大量数据来训练的，这意味着给越多人提供服务，就会得到越多的数据，训练效果也就越好，这也是为什么 ChatGPT 是效果最好的人工智能系统。虽然谷歌更早推出了自己的大模型，但 ChatGPT 更早地开放给了公众，让更多用户使用，等于更多人帮它训练，这才有了领先的可能。所以在人工智能时代，越是给大众提供的服务，质量就越好。以前，可能也有人帮着你理财，但他的水平一定不如富人理财的顶级的理财顾问的水平高，但是未来随着人工智能服务的普及，就像 AlphaGo 战胜李世石一样，人工智能在理财、教育、健康等很多领域逐渐超过普通人，成为专家。并且能给更多人提供服务的人工智能算法就更好，也就是说，未来为大众服务的 AI 才是顶级的 AI。**这样，我们就会看到社会更加公平，也更加进步了，这就是人工智能的伟大意义。**

有人说，科技是这个时代最大的公益。其中的关键逻辑是科技带来的生产规模化和服务规模化，让每个人都能享受到同样优质的产品和服务。而对于企业来说，想要通过科技造福社会，就一定要做到普惠。以前的机会是做产品，那么现在的机会就是做服务。

要强调的是人工智能时代的服务和传统服务是不一样的，我们不要把它理解成人提供的服务，因为人提供的服务的问题是没有办法拓展和规模化的。虽然人工智能提供的服务可以规模化，但是引领这一轮 AI 革命的 ChatGPT 等大模型仍然只是一个工具，真正要用它来造福社会，需要把它转化为可以持续提供的服务。这就是我们在群内部分享的闪电战的理念。科技是坦克，而我们要找到正确的闪电战的方式。这一轮的坦克就是汇总人类所有智慧形成的人工智能，而这一轮的闪电战就是基于人工智能，提供普惠化的服务，关键问题就是基于最新 AI 技术的模式创新。

每轮科技创新都遵循一个规律，就是技术在刚刚取得突破的时候，总有很多人在此基础上小修小补，但最后真正引领产业风潮、推动技术及应用普及到全球顶级企业的，都是基于最前沿技术做模式创新的技术应用型企业。

在人工智能时代，我们也有理由期待新一批模式创新企业的出现，并且一定是最早做出正确模式的企业最容易成功。因为人工智能的模式创新是有马太效应的，原来互联网就有用户增长的马太效应，而人工智能用户数据积累又能叠加一层马太效应，所以可以预期，未来最早用人工智能技术做出模式创新、打好闪电战的企业，在推动社会进步、造福社会大众的同时，一定能够成就自己的伟大事业，甚至能够超越互联网和移动互联网时期的头部企业。

现在就是产业爆发的前夜，就像互联网刚刚搭建起来的时候一样，网络上已经有了大量的 BBS 论坛，但是新浪、搜狐乃至 BAT 都还没出现。此时，需要探索先进技术的能力边界，充分掌握坦克的性能，才能打出正确的闪电战，所以及时入场很重要，如果有人做出新的模式，就会形成马太效应，后人想要追赶将极为艰难。但是不能抱着盲目试错的心态创业，因为如果不熟悉坦克的性能，不知道怎么用理论指导实践，打出闪电战的可能性自然比较小。如果只是凑热闹，做同质化的业务，最后希望经过自然选择幸存下来，那就相当于把创业看作买彩票，没有实际意义，所以我们一直强调，在科技产业大爆发的前夜，因为有了对人工智能革命底层逻辑的理解以及对互联网、移动互联网两轮创业创新的经验积累，我们就可以更好地前瞻未来，从而找到正确的方向，更好地实现模式创新。比如，现在很多人提到的 AIGC，也就是人工智能生成内容的概念，我们认为肯定不能代表未来，因为单次的、偶然的 AI 创意很难持久，而未来应该是 AIGS，也就是人工智能生成服务。我们前面提到的高端化、个性化、普惠化的持续服务，就是我们探索出来的成果之一。

最近大家都在谈如何过冬，但是一定别忘了，冬天之后就是春天，如果只想着过冬，可能就享受不到春天到来时万物复苏的机会，所以越是冬天来临的时候，越是要提前看到春天什么时候会来，有哪些蓬勃的生机会出现。因为我们的目的不只是在冬天活下去，而是能够在过冬之后，在未来的春天和夏天绽放。

困难是眼前的，未来还可能有阵痛期，但之后就将迎来 30 年的高速发展。我们需要认识到现在就是当年互联网的 BBS 时刻，现在巨无霸还没有出现，但是能够用 10 年时间超越上一代互联网巨头的下一代创业企业，很有可能已经在酝酿之中了，所以我们不要在这个时候丧失信心，一定要赶紧行动起来，科技的普遍使用才是社会进步的根本原因。

我们在深圳组建了一个 AI 俱乐部，汇聚了一批对未来和 AI 感兴趣的持续探索的伙伴。大家希望能够抓住这一个百年难遇的人工智能革命的机会，把服务充分规模化，在推动经济持续高速发展的同时，缔造新一代的企业。如果你也同样对未来充满期待，对 AI 感兴趣，可以联系我们，欢迎加入我们，一起探索前行。

在人工智能时代,我们也有理由期待新一批模式创新企业的出现,并且一定是最早做出正确模式的企业最容易成功。

无限进步

用智慧改变世界

■ 向海容

公益人（上海臻好家园家庭文明建设促进中心理事长）
企投人（既做企业又投资）

我是向海容，天天向上的向，"海纳百川，有容乃大"的海容，人如其名，日日践行。我是一个企投人，HOME 社区发展模型创始人，曾任上海市静安区妇联家庭文明建设指导中心主任，现任上海容蓝实业有限公司董事长、上海臻好家园家庭文明建设促进中心理事长。我致力于用科技和优质的产品、服务，用 HOME 社区发展模型运营政府公共空间，为社区提供精细化管理解决方案，为中国家庭的美好生活助力，为中国式现代化提供最佳实践方案，为中华民族伟大复兴贡献一份微薄的力量。**用公益触动心灵，投入真心；以专业服务家庭，传播文明。**

在个人成长方面，我通过模型思维，探究事物的底层逻辑，养成了脚踏实地、实事求是的行为风格。在这里，可以和大家分享两个我自己参透且简单实用的模型。

三观模型

三观模型，顾名思义，是关于世界观、人生观、价值观的模型。

世界观是指了解世界的运行规律，这里面既包含了国与国之间的政治、经济、文化运行的规律，又包含了我们身处世界环境中的伦理纲常、为人处世的运行规律。

人生观是指我们在了解了世界运行规律之后，在世界中找到适合自己的定位，以及围绕这个定位所规划的目标、路径、方法。

价值观是指在明确自己人生观的前提下，对于每一次判断选择的 ROI 标准。

成长模型

个人和组织成长最直接的方法就是学习，但是学习只是一个抽象概念，如何能够定量地操作，并且内化为自身的知识储备和能量呢？这就是成长模型。成长模型由三个小模型组成：即 **IPO、刻意练习、知识库管理**。

IPO 是指输入（Input）、处理（Process）、输出（Output），这里的输入和输出是指文字、语言、画面等我们五官可以触达、吸收的任何内容，处理系统则是我们人脑。这与电脑的运行模型非常相似，不同的点在于，电脑的处理系统稳定，因此输入和输出可以百分之百一致，而人脑作为处理系统，存在不稳定性，往往输入和输出会有偏差。因此，我们在学习的时候，尽量输入优质的内容，这是原材料；同时不断迭代升级我们大脑处理系统的版本，这样就能源源不断地输出优质的内容。

刻意练习是一种高效的学习方法。人脑运转时需要消耗能量，因此人天生就会趋利避害，喜欢偷懒。试想一下，我们是不是遇到稍微困难一点的事情，就本能地想逃避、拖延？如果有这种状态，不用自责，这是人类基因里的本能反应。人有三个学习圈层：舒适区、舒适区边缘、困难区。舒适区是我们人类本能愿意待着的地方，但是要实现真正的成长，就要通过刻意练习，用理性对抗惰性，在舒适区边缘不断强化练习，从而扩大舒适区，实现自我提升。举个例子，你在舒适区做1万次 $1+1=2$ 的事情，对你的个人提升没有任何帮助，因此，并不是你花了时间就一定有学习成效，而是要用对方法并刻意练习不断突破舒适区。当然，这个过程有点痛苦，就像之前讲的，这会消耗大量能量，因此更需要毅力和科学方法。

知识库管理属于非常高效的辅助处理系统。人的大脑在碎片化记忆上是有局限性的，因此我们每天在输入大量的信息和内容的时候，如果没有把重点和精华部分留存下来，可能经过几轮信息风暴冲击之后，会遗失大部分内容，从而使我们一直在学习轮回中徘徊不前。现在通过知识库管理，建立树形结构文档，把平时吸收的点滴信息第一时间进行分类归档，然后在集中的时间段统一处理输出，效率会倍增。

在工作事业方面，用一句话概括：**和一群有趣的人，做一些有趣的事，从身边开始，改变世界**。以下是我企投的一些项目，它们都在各自的领域里做到了从无到有、开拓创新。

中国式现代化基层实践阵地

这是一个有很大社会价值的项目。我们通过托管运营政府公共空间，用 HOME 社区发展模型打通了政府、社区居民、社会资源之间不同需求的"三体"问题，成功形成了一个社会资源加持—百姓满意—政府支持的美好生活飞轮，为中国式现代化提供了一个落地的最佳实践。

家庭美术馆

这是一个基于家庭的艺术 PBL（问题式学习）项目，是普惠的文化载体。我们带领家庭一起建造艺术装置，优秀的作品将会被我们推和一群有趣的人，做一些有趣的事，从身边开始，改变世界。

荐到更高级别的平台宣传和展出。在整个过程中，不仅提升了家庭成员的艺术修养，让家庭亲子关系更和谐，同时还能把家庭文化、社区文化、政府工作等融合在项目中，用创新的方式获得更大的成效。

家门口的动植物图志

这是一个基于家庭的自然 PBL（问题式学习）项目。我们以家门口为核心，发起城市亲子家庭参与生物多样性调查自然教育活动，通过组织社区周边居民和亲子家庭定期对社区周边的动植物种类进行调查和记录，形成社区区域范围内的动植物图志，优秀的作品将会被我们推荐到更高级别的平台宣传和展出。本品牌项目可以**积累城市空间生物多样性本底数据，为城市空间的生态文明建设提供数据和依据，为社区的生态文明建设出谋划策。**

好奇心大讲堂

这是一个家门口的家庭科普教育阵地。我们联合科学家、科普专家、科创企业，推出家庭科普公开课，通过形式多样的家庭科普体验活动，推动科学教育走进千家万户，提升家长的科普意识和学生的科学素质，开展家庭科学教育，促进家、校、社协同育人。

虚拟电厂

这是一个服务国家绿色战略，推动碳达峰、碳中和目标的智慧能源项目。我们因地制宜，通过分布式光伏、渔光互补、农光互补、海上风电、陆上风电等项目，开发清洁能源岛和智慧能源城市，推进低碳、零碳、负碳技术创新，以及新型能源及售电、数字化能源、金融及碳资产认证等业务。服务包括但不局限于分布式屋顶光伏，园区智能化、数字化、低碳化的转型升级，农业渔光互补、农光互补等。

AR 数智化解决方案

这是一个专注于 AI、AR 领域，为企事业单位降本增效的项目。作为行业的探索者、领跑者，我们目前致力于 AR 眼镜等软硬件产品的研发及生态构建。公司依托 AR 智能眼镜，将前沿的 AI 和 AR 技术与行业应用结合，为不同垂直领域的客户提供全栈式解决方案，打造智能时代的超级工人，构建数字化时代的智慧工厂。解决了远程协作问题，打破时空界限，用第一视角远程协作，所见即所得，实时同步信息，实时交流指导；解决了点巡检问题，按照工作流的每一步骤，安排点巡检，提升管理效率，降低安全隐患；解决了一线数据采集问题，全程可拍照录像，所有动作完成，即可自动生成数据报告，和中台无缝对接。

生物塑料 PHA 运营商

这是一个有情怀的项目。PHA 是生物基材料，可以在自然环境和海洋环境中全降解。我们在应用领域，对原材料进行技术改造和孵化运营。针对下游行业需求，对上游原材料进行二次开发，生产出降解周期可控的全降解生物塑料产品,并对有潜力的行业进行孵化运营,彻底解决了化石基塑料不可降解的问题,从根本上消除了塑料的白色污染,推动生物基塑料替代化石基塑料,为世界可持续发展贡献我们的中国智慧。

无限进步

懂客户比爱客户更重要

■ 新月

性格色彩心理咨询师

高级家庭教育指导师

一堂创业者讲师营讲师

爱，轰轰烈烈，但未必长久。徐志摩说："我懂你，就像懂自己一样深刻。"我懂你的不容易，我懂你的欲言又止……将你的客户，当作你内心倾慕的爱人。你爱她，是站在你的角度，与她无关；而你懂她，才是懂她所想，给她所要，你俩之间的故事，才不会是昙花一现式的一见钟情、再见移情；才会长相厮守，长长久久！

这段话我铭记到了今天，因为这就是我在阿里华南区服务大客户时成为销售精英的成功秘诀，也是我能够逆袭成年薪百万的 CEO 的成功宝典。如果您是一位主管营销的高管，抑或一位非常重视营销的老板，也许您会诧异："这营销恋爱学真这么有用吗？"如果您没研究过，您可以通过我的故事验证一下，一定会颠覆您的认知，给您一个营销的新认知。

2008 年 3 月 8 日，来自行政人事管理部的我被安排与 50 多位竞争对手一起面试，角逐大客户销售岗位一职。我已做好了最坏的准备：卷铺盖走人。因为不管这次面试成功与否，对我而言都是死路一条。面试不成功是理所当然的：不仅因为这 50 多位竞争对手都有 5 年以上的销售背景，更重要的是我不仅对销售一无所知，而且我还是个超级讨厌做销售的人。在我看来，销售就是骗子。面试成功是自掘坟墓：我是个"社恐"，做销售对我来说难于上青天。

面试结果出人意料，我居然成功了。当我踏进业务部门的那一天起，所有人都在嘲讽、怀疑、鄙视我，说我若成功，天理难容！我不甘心，我想：如果要"死"，就让我先拼一把，"死"得瞑目，"死"得安心。现实是纵有千般不舍，也抵不过万般无奈。当下金融危机席卷全球，互联网泡沫破灭，淘宝复苏重启，全国都在骂"马爸爸"是骗子，我们与客户谈合作谈何容易呀？再加上我没有经验，简直寸步难行，比眼下 2023 年的生意还难做 100 倍呀。

怎么提高销售广告业绩？怎么提升与客户谈判的成功率？我花了将近 3 个月的时间，独自摸索出了 3 个模型。

第一个模型：广告产品价值模型。梳理广告产品的卖点，讲产品逻辑，提升产品价值，结果跑了一个月，业绩为 0，客户骂我："你当我傻呀，现在流量都不要钱，傻子才投广告。"

第二个模型：流量故事模型。梳理广告价值，讲未来的流量趋势及成本故事，结果又跑了一个月，业绩还是为 0，客户鄙视我说："你都不懂生意，赚钱最要紧。活在当下，不要活在未来，淘宝能活几年都是个未知数。"

第三个模型：ROI 投资模型。梳理广告投放回报，讲品牌影响力建设模型，结果又白跑了一个月，业绩依然是 0，客户劝告我说："现在的 ROI 是虚的，在淘宝上买东西的人很少，只能卖卖货，做不了品牌的，别做白日梦啦。"

三个月连续业绩为 0，我心急如焚，看来我还真不是当销售的料，在淘宝的事业注定终结于此。就在我的信心灰飞烟灭之时，HRD（人力资源总监）给了我一个死马当活马医的建议："新月，你了解你的客户需求吗？你懂客户吗？你是站在客户的角度上考虑问题，还是站在自己的角度上考虑呢？你是否换一下逆向思维，再做一遍看看呢？"随即递给我一本《色眼识人》的书，让我看三遍。因为没有更好的办法了，我也只能听话照做，一边看书，一边试用书中的方法。

谁是你的客户？

选择大于努力。你要搞清楚谁会为你的服务买单？你服务谁，就得先了解谁的需求。在什么场景下,解决什么问题或创造什么价值?

当时,淘宝直通车这个广告产品还不够成熟,品牌客户入淘数量比较少,免费流量很多,那什么类型的客户是潜在客户呢?通过调研50个以上的客户,我找到了客户的精准画像。

1. 需要直通车来打造爆款的客户(不管大中小)。

2. 产品供货能力跟得上的客户。

3. 有专配直通车车手的客户。

客户为什么相信你?

你懂我,我才信你。客户买的不只是产品,更是信任。如何让客户愿意听你的产品介绍?如何让客户愿意行动呢?根据书中的方法,我针对不同性格的客户,语言沟通模式是完全不一样的。

比如,针对黄色性格的决策者和直通车手,我去拜访的时候,着重沟通:

1. 通过直通车,单品卖到500万—1000万的案例分享(成功的案例)。

2. 我会带一个算账预测表格,给他们分析利益、成本、投产比(利益价值)。

3. 我会给一张直通车爆品节奏表,让阶段性结果可视化(具体的方法、措施)。

4. 我做出了A、B两个版本的详细操作方案,让决策者自己做选择(尊重决策者的权威)。

比如,针对红色性格的决策者和直通车手,我去拜访的时候,着重沟通:

1. 直通车打造爆款的各种好玩的投放方法（好奇、有趣）。

2. 我会带一个红色性格的人，拿着直通车结果一起和客户聊天（开心的氛围）。

3. 给他分析直通车打造爆品赚钱的机会与成就感（他人认可）。

4. 给他看一下同行业至少 20 家拿到成果的客户清单截图（刺激行动）。

每次聊完，客户都直呼收获巨大，全力以赴，配合开干，结果客户打造爆款的成功率都在 80% 以上，所以客户既给我送奖杯，又给我介绍新的客户，让我既赚到了提成，又被晋升了，我还获得了一个"销售女神"的称号。

在随后的 5 年里，无论是爆品类客户时代、爆店铺时代，还是品牌时代，我都如法炮制，我和我团队的业绩一直保持在公司前 3 名。在我长达 20 余年的职业生涯中，我不断精进学习，学习如何更了解客户，让我实现了名利双收。

如何让客户感觉你很懂他，根据我 10 多年的实战经验，我给各位一个价值百万的指南。

◇ 洞见

"自知者明。"看清自己，分析自己的性格优势是什么，借助你的优势凸显你的影响力。你和客户沟通时，不足的地方在哪里？出现问题时，学会从自身寻找原因。当客户批评我们的产品不好或服务很烂时，我们不要沮丧，甚至与客户争得面红耳赤脖子粗，拼命证明不是自己的问题，而要学会淡定、平和地报以微笑。

◇ 洞察

"知人者智。"读懂别人，清楚客户是什么性格，他性格的优势和不足分别是什么。当你的产品或方案出问题时，合作方老板拍案而起，指着你的鼻子暴跳如雷，厉声呵斥："你们是什么狗屁公司，这点小事都出问题？和你们说了多少遍了，要小心！你们做不好就让别人做吧。你还狡辩，有个屁用！"如果你真正懂得如何洞察别人，就可以发现这个老板的三个声音：一是认为你屡教不改，这证明他先前说的话，你没有放在心上；二是他要在情绪上发泄；三是他并没有真正想替换你，只是想教训一下你，让你意识到问题并且加速成长。

◇ 修炼

"自胜者强。"修炼自己，成为更好的自己，发挥自己的性格优势，改正自己的不足。出现问题和冲突，大多数人的第一反应是改变别人，而不是改变自己。可自我改变比改变别人更容易，我们需要向内求，而非向外求。

◇ 影响

"胜人有力。"真正行之有效地影响另外一个人，不是用你喜欢的方法和他相处，而是用适合他性格的方法和他相处。客户喜欢听什么？客户内心的需求是什么？当你面对一个强硬、有主见的黄色性格客户时，你可以给他几个选择，让他自己做决定；当你面对一个需要情绪价值的红色性格客户时，你可以让他感受到沟通的愉悦，让他开心地做决定。这就是"因人而异，因色而销"。

销售的本质，就是销售信任。经营信任，就是做最懂客户的那个人。实际上，每个人在内心深处都渴望被别人读懂。如果你能懂客户，又能满足他的需求，就能轻松地获得你想要的结果。而只有真正洞察别人的性格，才能知道别人内心的真正需求。

销售的本质，就是销售信任。经营信任，就是做最懂客户的那个人。

如何轻松地懂客户？

第一条，知行合一。"洞见＋洞察"，你要看清自己，读懂别人，这些都是方法，属于"知"的层面。"修炼＋影响"，改变自我，再用行动去推动他人，这些都是行动，属于"行"的层面。

第二条，内外兼修。"洞见＋修炼"都是对自己，即看清自己和修炼自己，算是内功。"洞察＋影响"都是对别人，即读懂客户和谈成合作，算是外功。

总而言之，靠营销赚钱，在战术上是"攻心为上，攻城为下"，在战略上是做事者赚小钱，洞察人心者赚大钱！我们选择什么样的战术和战略，取决于客户的定位：麻雀满足于树梢，所以它的世界只有几丈之高；大雁满足于云层，所以它永远都飞不出层层云雾的缭绕；雄鹰则不懈追求，力求最高，所以它的世界阔及天际！

无限进步

一灯传诸灯

■ 易天朝

远方好物联合创始人
全国产业园联盟创业导师
希望公益社团社群社区负责人

经常有人问我，你为什么做远方好物？远方好物为什么能逆势增长，2022年从0起步，到目前销售额超过10亿元？

关于这些问题，我思考了很久。

做远方好物，于我而言绝不是一时头脑发热，而是源于心中一个长期的愿望。

那就是，做一件对社会有意义的事。

听起来很简单，有人会说，只要我们勤奋工作，我们每个人所做的事情都是在为这个社会创造价值。

那我们来看看，远方好物做的是一件什么事情？

远方好物的愿景是让平价有机食品走进寻常百姓家，以公益之心做有机、做放心给孩子吃的安全食材。

有机的意义是什么？

有机产品，首先是在生产过程中，不使用合成农药、化肥、生长激素、抗生素与转基因技术产品。其次，有机生产还要求能够循环利用资源、维持生态平衡、保护生物多样性、提升土壤健康与水的质量、保护自然环境与资源。

这样的有机产品、有机生产，对于我们人类来说才是可持续的、健康的。但在远方好物出现之前，有机产品给人的印象是价格高昂，只有有钱人才吃得起。

市场上的有机产品通常加价200%—300%，让有机产品的价格高不可攀，成为少数人才能买得起的奢侈品。结果是价格越高，买的人越少，而销量越少，则成本越高，价格就会更高，更难以卖出去。好产品卖不上好价格，种好产品反而亏钱更多，从而导致很多生产商退出有机圈。很多种有机水果的果农砍掉果树，从而导致供应更少，进一步推高了价格，形成恶性循环。

远方好物微利经营，从生产端直接到消费者餐桌，减少了中间环节，降低了流通成本，从而降低了终端价格。大部分人都可以买得起、吃得上平价有机产品，从而提升了销量，让好产品有了好销路，让更多从业者加入有机产品的供应链，进一步降低了成本，降低了终端价格，让更多人吃得起有机产品，形成了良性循环。在这个过程中，远方好物让更多农民赚到了钱，让更多城里人吃上了健康产品，让更多的企业起死回生。

与此同时，远方好物通过实地溯源、第三方检测、直播等方式传播有机生活理念，普及有机产品知识。更多人可以了解有机产品，愿意尝试有机产品，从而推动了有机行业的健康发展。

不同于很多商家不吃不用自己的产品，远方好物坚持只有自己吃、用的产品才分享给朋友，远方好物选品的基本原则是为家人选择健康的产品。由此，才有了创始人带着溯源团队一年365天有300天在路上，亲赴实地、考察产品、寻找健康好物。这样才有了每一款食品均要求做SGS-298项农残检测以及兽残检测、抗生素检测等等，让每一款产品都让人放心。

很多人因为远方好物才接触到有机产品、吃得起有机产品，让自己、孩子以及其他家人吃得、用得健康。我自己就是受益者。一年来，因为长期吃、用健康产品，过去经常莫名其妙出现的头痛症状消失了，甲状腺结节变小了，在疫情期间一直没有阳。更让我开心的是，孩子也开始喜欢吃水果了，懂得看配料表，有了吃、用健康产品的意识。这种改变是潜移默化的，因为父母的坚持，因为远方好物，孩子才有了健康的生活方式。

安全、放心，说起来简单做起来难，特别是对比其他平台以及做这件事所付出的代价，我方知十分不易。在 2022 年疫情形势严峻的情况下，远方好物溯源团队走过 21 省、65 站，溯源了 214 个产品。一年投入一千多万的检测费用，通过随机购买送 SGS 检测，以确保检测的真实性以及产品品质的稳定性。除了我们，没有第二家平台可以做到。保持初心，全心全意从用户的角度出发，宁愿不上架、不赚钱甚至亏钱做平价健康好物，也是没有第二家平台能做到。

别的平台年终会公布业绩、公布利润、考核员工，没有盈利就要问责。但远方好物既没有业绩目标，更没有盈利目标，甚至还坚持微利，把钱用在有机产品的溯源、检测和技术开发上。远方好物教会大家看配料表，了解产品农残、抗生素、防腐剂、激素、重金属等对人身体的危害，懂得如何选择健康好物，真正吃上健康产品。

远方好物，不仅仅让人能够买到真正健康的产品，让自己和家人过上健康的生活。还创造了一个高品质的圈子，可以一起学习、一起成长；可以一起对我们的有机产品溯源，一起踏遍千山万水，看世间万物；可以带上家人一起看世界。比如，2023 年 2 月，我们走进海南，感受迷人的热带风光，去金钻 17 号凤梨基地，感受果香馥郁；去"世界长寿之乡"澄迈，品尝火山沙土孕育出的富硒地瓜，粉糯香甜；去乐东火龙果基地，感受傍晚的灯火浪漫；去远方私家燕窝果果园，感受"土豪"水果的丝滑口感；去树上熟木瓜基地，见证木瓜园里的累累硕果；还有去三亚石头芒基地，看顶级的金煌芒以及山坡沙地里果香四溢的贵妃芒……

在这里，来自全国各地各行各业的精英一起对有机产品溯源，一起旅行，一起学习健康知识，一起分享吃、用健康好物的感受，让自己的身体更健康、精神更充实、灵魂更自由。

在这个圈子里，与一群同频同路的人在一起，能让我们的生活过得更有价值、更有意义。随着远方好物的发展，更多人加入进来，更多人从远方好物受益。

我们身处这样一个时代：国家变得更强，中国人变得更富；国家追求高质量发展，中国人追求更健康、幸福的生活；国家强调共同富裕，大家也希望过上更美好的生活；人们对健康越来越关注，中国人也越来越长寿；世界关注环境变化，人们更注重保护生态环境……

远方好物正逢其时，面临巨大的时代红利。**顺应时代需要，做对社会有价值的事情，就能抓住时代的红利，成就他人，成就自己。**

创办远方好物，原本是想为自己和家人找到健康好物，没成想得到了更多人的认可，影响也越来越大。无意中，远方好物为促进乡村振兴、为建设健康中国、为中国的食品安全、为世界的环境改善，贡献了自己的一点力量。

这样的社会价值是令人始料未及的，也是令人欣慰的。

真诚、自由、成长、利他，这是远方好物的价值观。**作为远方好物的联合创始人，我希望能够与远方好物一起，传播有机生活理念，以一灯传诸灯，终至万灯皆明，让天下餐桌回归安全**！

真诚、自由、成长、利他，这是远方好物的价值观。

无限进步

企创协同催化校友经济，联合创新推动商业向善

■ 杨辉

微软前工程师
知识创业服务者
校友经济实践者

难忘的大学时光似乎已远去，我在 1997 年考入南京邮电大学，上完本科、硕士，共用了 6 年半的时间。之后陆续去过 5 家外企，现在是 4 家公司的首席战略官，3 次从科技创业公司退出，现在的 2 个标签是创业辅导和股权投资，有 1 个爱好是阅读。大学毕业近 20 年后的现在，我想分享的是关于校友经济的实践、方法和思考。

2022 年，在机缘巧合之下，我成为南京邮电大学广东校友会的副秘书长，也是南京邮电大学企业家联盟的常务理事，有机会用咨询专业为广大校友做一些公益策划，帮助举办广东校友会换届活动和开办两邮四电高校校友会联合活动基地，并在基地举办了读书沙龙、校友饭局、创新论坛等创新活动。我有幸依托校友资源为更多人服务，得到了广大校友的积极支持。在后疫情时代，我在为大中小校友企业服务的过程中，观察和感受到了校友经济的一些不同寻常之处，希望能给大家带来一些启发。

为何产生？企创协同提出

在数字化时代，如何看待龙头企业与中小企业的协同创新？

先从我们所在的电子信息行业来看物联网、大数据和 AI，在不远的未来，我们将面对 IoT（物联网）设备和每天生产 250PB 数据的智慧城市。今天，无处不在的大数据、智能系统告诉我们，未来已来。

这次的数字化是人类历史的范式转变，第一次实现从原子世界走向比特世界，数字经济特征已经从资源稀缺转向资源富足。原有的商业逻辑是用产品实现价值的交换，意味着我们要通过占有资源和交换来创造价值；新的商业逻辑是连接实现价值的共享，意味着我们要通过连接分享数据来创造价值，我们相信数字化一定会全面地改造所有的行业。这个数字化改变的商业逻辑是革命性的，从产品转向客户，从高延时转向实时，从成本关注到结果关注等等，因此，传统大企业不仅仅要面对互联网巨头，也要面向一群颠覆自己的科技创新企业。在数字科技的颠覆性冲击的影响下，龙头企业的内生产品链演变为全社会的产业链，基础业务正被创新科技企业分割蚕食，**如果龙头企业不迎击、蜕变、革新，未来将毫无价值。**

硅谷有名的风险投资人马克·安德烈森说过："所有的商业模式都只有两种挣钱的方式，'组合'或'拆解'。"**之前的规模化生产已经经历了上一代技术支持的"组合"，现在是该通过新技术来做"拆解"的时候了。**在这个拆解的尝试中，强强合作的思路看起来是最容易实现的，出人意料的是，它却是所有合作方式中，成功率最低的。打个比方，两个大企业合资，就像马和驴，能生骡子就很好了，再没有后代了，本质是染色体数目不匹配。而拆解模式中最成功的战略是产业投资，这就是龙头企业与中小企业协同创新的一个可行思路。

对企业而言，企业数字化转型的核心是改变文化，也就是企业基因。最困难的地方不在于发展新思想，而在于摆脱旧思想。我们相信一个可行的方法是企创协同，简单地说，企创协同就是大企业的体外创新，关键是大企业系统化为创新企业释放业务需求和提供业务场景，加快产业和业务成熟，提高创业成功率。

如何进步？催化校友经济

相关数据显示，全国校友经济的潜力超过 10 万亿元人民币。从校友企业服务的角度,企创协同能为校友经济带来什么呢?

著名的科斯定理的核心观点是"内部交易的成本高于外部交易的成本"。校友经济的合理性用科斯定理的"交易成本"解释:这轮数字经济革命侧重于降低交易成本,校友经济具备明显的交易成本优势。校友圈是信息的集散地,所以可以降低搜寻信息的成本;因为校友之间普遍存在一定的信任感和亲近感,"凡事好商量",所以可以降低协商和决策的成本;因为校友间违约的代价太大,一旦违约就意味着违约方在校友圈名誉的损失,所以履约率也相应较高,从而也降低了监督成本。综上所述,在校友圈内进行经济行为往往可以极大地降低交易成本,因此具有很大的优越性和发展价值。

这样,校友经济将有机会实现三大盈余:**校友圈的社会资本产生关系盈余,人力资本产生认知盈余,信誉资本产生品牌盈余**。本质是促进潜在资本转化成现实资本,用一句我们提倡的校友会口号来说明:"创造被校友利用的价值。"

校友经济的进化方向是走向以共识经济为底座的社群化,结果就是实现循环经济。企创协同方法作用于校友经济,是在校友大企业与中小企业中构建一个闭环生态,企创协同旨在帮助校友大企业连结外部校友中的中小创业者,通过松耦合实现转型创新。

企创协同能够帮助校友创新企业更有效地连结校友龙头企业,以示范订单帮助跨越鸿沟,以场景驱动为核心,构建双创生态圈,构建熵减的生态,在校友圈中搭建基于共识的平台,源于共情的连结,达于共赢的合作。好的结果源于方法论的成功,企创协同助力校友龙头企业数字化转型,实现指数型增长,升级商业模式维度,成为行业平台公司,企创协同也将助力校友创新企业低风险、高质量地发展。

校友经济的进化方向是走向以共识经济为底座的社群化，结果就是实现循环经济。

无限进步

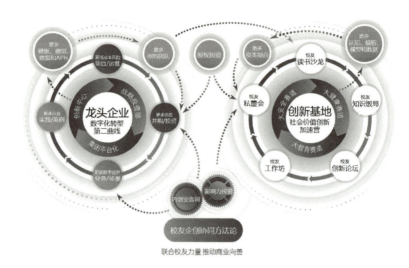

联合校友力量 推动商业向善

上图就是我们正在实践的校友企业企创协同方法,左边是校友龙头企业的四个主要动作,系统化地释放资源;中间是股权投资基金;右边是帮助校友创新企业的三个赛道和五个活动的联合校友创新基地,系统化地加速创新。

正如我们在校友基地对 What-How-Why 三个问题的回答:

What——校友之家,资源共享;How——多维赋能,服务共赢;Why——聚南邮人,价值共创。

可喜的是,在各方支持下,这个模式已扩大为不同高校校友会的联合创新。通过共建高校校友会联合活动基地,联合更多的高校校友会,在更大范围内,共同服务校友创新。

走向何方?推动商业向善

当我们联合了这么多校友企业,以校友经济为底座的商业系统将走向何方？

我们需要一个共同理念来指导校友经济的长远发展，校友经济的本质还是商业系统，还得从头进行思考。场景来自需求，马克思在《资本论》中写道："资本来到世间，从头到脚，每个毛孔都滴着血和肮脏的东西。"可见商业系统是以资本逐利为本的，而资本逐利生成了商业零和竞争。多年来，科创企业的科技成果的转化成功率长期偏低，阻碍了科技向善的价值创造；龙头企业的第二曲线创新探索，阻碍了从社会责任到社会价值的转变；社会企业的规模经济化复制，阻碍了科技推动的可持续发展；投资机构投资新蓝海，阻碍了资本向善的价值创造。

分享一个影响力项目的例子。中国有8700万名残障人士，其中患有精神残障类疾病的有1800万名，这类人群几乎完全没有就业，他们有无法实现工作价值的个人负担、需要终身治疗和常年需要人在身边照顾的家庭负担、需要巨额支出的残障保障的社会负担、精神残障病发导致对社会和自身的安全风险。一位为精神残障类病人服务的公益组织发起人的一句话深深地打动了我："多年深陷抑郁症，从2019年开始，做梦中的工厂疗愈了我。"这个公益项目，简单来说，就是为制造企业提供患有精神残障类疾病的员工的集中式车间业务托管服务，其中制造企业与公益项目的协同创新就采用了企创协同方法。显而易见，这样的患有精神残障类疾病的员工就业项目无法以"资本逐利"作为根本，却看到了各方未被满足的需求。疫情期间，6家工厂全部盈利，是全国第一家走向规模化复制的精神残障类病人的托管工厂。这个项目让300多名全额享有社保、医保的精神残障病人和智力残障者领了人生第一份工资。在年会上，员工妈妈们的感恩分享让人泪流满面，300多个家庭真正解放了身心，员工们每个时刻都能感受到周围的人发自内心的爱和帮助。**我们认为像这样的项目，创造的就是社会价值，显然原来资本逐利是根本，构建的零和商业竞争系统无法满足需求，商业向善是新的思考原点，用商业手段创造社会价值就是商业向善，构建的新系统关注增量而不再是竞争**。例如，很多残障公益项目恨不得大家都学习，希望每个城市让所有残障人士都就业。

企创协同的影响力项目只是从商业向善角度揭示了校友经济未来发展的可能性，却是可以引领校友大中小企业创造社会价值的共同理念，我们相信商业向善理念与企创协同方法能够更广泛地联合校友力量。

罗素在《幸福之路》中写道："幸福的秘诀是尽可能怀着善意而非敌意，关切尽可能多的人和物。"以商业向善为本，在服务校友企业的当下，我真切地感受到了美好。**我们的新方向是从社会责任转变为社会价值，联合校友力量，用科技推动商业向善。**

期待在企创协同方法论构建商业向善理念的联合校友创新创业基地，与你一起共创美好的世界！

无限进步

实现理想，顺便赚钱

■ 张伟

理想主义者
创新狂
终身学习者

人类的理想生活是什么？我认为是"采菊东篱下，悠然见南山"的明净，是"行到水穷处，坐看云起时"的恬静，是"青箬笠，绿蓑衣，斜风细雨不须归"的悠然自得，是"争渡，争渡，惊起一滩鸥鹭"的流连忘返。**用一句话总结，应该是人与自然的和谐共生。**

然而，在近现代的世界发展史中，人们始终坚持"人类中心论"，始终坚信人是自然的主宰，人类在征服自然中得意忘形。虽然从表面上看，人类获得的物质丰富，但将付出巨大的代价。我们都知道，全球气候在变暖，南极和北极的冰雪在融化，海平面在缓慢上升，极端恶劣天气频频发生，直接威胁到我们人类的人身、财产安全。全球变暖的问题已经到了刻不容缓的地步，而这一切主要拜二氧化碳等温室气体所赐，这真是"小小的碳，大大的麻烦"。

国家主席习近平于 2020 年 9 月在联合国大会上向全世界宣布："中国将力争在 2030 年前实现碳达峰，努力争取在 2060 年前实现碳中和。"中国提出双碳目标，体现了负责任的大国担当！作为地球村的村民和伟大祖国的公民，我们每一个人都要为实现双碳目标做出自己的贡献。

我有幸在 20 世纪 90 年代参加工作时就投身了节能环保行业，第一份工作做了 12 年，主要工作内容涉及水的循环利用，为全国的石油化工、电力钢铁企业设计建造循环水场。我所在的公司成为这个行业的头部企业，其产品替代了欧美进口产品。2002 年，我自己下海创业，为了避免与老东家竞争，转型进入建筑环境控制行业，不断从丹麦、德国引进全球最先进的环控技术，造福中国人民。又是一个 12 年，我成了环境控制领域的节能专家。2014 年，我成立了中叶生态环境研究院，专注于研究地热能，致力于改变人类未来的能源使用方式。**即使现在看来依然遥不可及，但我的余生将全力以赴。**

什么是双碳？可能有的人还不是太了解。

双碳是碳达峰与碳中和的简称，其中碳达峰是指国家、行业、企业、个人年度二氧化碳排放量达到历史最高值，然后经历平台期后持续下降的过程，是二氧化碳排放量由增转降的历史拐点，标志着碳排放与经济发展实现脱钩。碳中和是指国家、行业、企业、个人在一定时间内直接或间接产生的二氧化碳或温室气体的排放总量，通过节能减排、植树造林等方式，以抵消自身产生的二氧化碳或温室气体的排放量，实现正负抵消，达到相对零排放。

2006年，《新牛津美国字典》将"碳中和"评为当年年度词汇，主要原因是它已经从最初由环保人士倡导的一个概念，逐渐获得越来越多民众的支持，并且成为受到美国政府重视的一项实际绿化行动。

2007年1月29日，联合国政府间气候变化问题研究小组（IPCC）在巴黎举行会议，历时五天，并计划在2月2日结束会议后，发表一份评估全球气候变化的报告。报告的初期版本预测，到2100年，全球气温将升高2到4.5摄氏度，全球海平面将比2007年上升0.13到0.58米。报告的初期版本还提到，过去50年来的气候变化现象，99%可能是由人类活动导致的。

2013年7月，国际航空运输协会提出的航空业2020年碳中和方案浮出水面。该方案提出航空业的三大承诺目标：2009—2020年，年均燃油效率提高1.5%；2020年实现碳排放量以2020年为顶峰，不再增长；在2050年，将排放量削减至2005年的一半。该方案对各国各航空公司最实质性的影响是，2020年后超过排放指标的部分要由这些航空公司买单，缴纳"碳税"。

2018年10月，联合国政府间气候变化专门委员会发布报告，呼吁各国采取行动，为把升温控制在1.5摄氏度之内而努力。为实现这一目标，需要在土地、能源、工业、建筑、运输和城市领域展开快速和深远的改革。

2020年9月，中国明确提出2030年"碳达峰"与2060年"碳中和"的目标。

2021年7月，全国碳市场正式开市。

中国要在确保经济安全的前提下，力争在7年内碳排放达到峰值，努力在达峰后30年内实现碳中和，实属不易，需要付出极其艰苦的努力。

据有关机构估算，实现《巴黎协定》确定的全球温升控制目标，全球需要投资1000多万亿美元。我国实现碳达峰、碳中和的目标，需要130多万亿元人民币的投资，也就是需要平均每年至少投入4万亿，才可以实现双碳目标。所以，未来30年，最大的风口就是双碳产业。

宁德时代的曾毓群在2012年敏锐地发现新能源汽车的商机，毅然从苹果手机电池供应商转型做宝马电动汽车的动力电池。在不到5年的时间里，成为全球新能源汽车电池行业的王者，市值高达万亿元。

比亚迪的王传福，20年前已是"手机电池大王"。他不顾异议，跨界进入汽车行业，并以堂吉诃德式的冒险精神押注新能源汽车，用整整20年静待国内新能源车市场的爆发时刻，终于在2022年一飞冲天，成为国内市场的销冠，2023年成为全球新能源汽车的销冠，远超奔驰、宝马、大众等老牌车企，成为全球汽车行业市值第三的公司。只生产纯电汽车的特斯拉，超越丰田，成为全球市值最高的汽车公司。

纵观中国富豪排行榜，近3年已经从房地产老板占多数的局面，转变成了以从事光伏、风能、新能源汽车、储能电池等双碳行业的企业家占多数的局面。

双碳已经成为全球最热的风口，以下是在双碳领域最有前景的行业：

1. 可再生能源：如风能、太阳能、水能、地热能、生物质能、潮汐能等，因为它们不产生任何对环境有害的物质。

2. 能源储存：可储存电力的电池、氢燃料电池等产品。

3. 节能环保：如工业节能、建筑节能等。

4. 可持续农业：如有机农业、生态农业等。

5. 环保技术和服务：如垃圾分类处理、废水处理、空气污染治理等。

在我国努力奔向碳达峰、碳中和目标的大背景下，在全球为风力、光伏发电受环境影响而不稳定因此感到头疼的大背景下，有这样一种清洁、高效、低碳的可再生能源，它不受季节、昼夜和气候的影响且资源丰富，可以为能源转型做出重要贡献。它，就是地热能。

近10年来，我始终坚守"和谐共生"的初心和"建设美好世界"的使命，推动社会绿色低碳发展，围绕地热能发展建筑节能，拥有诸多创新技术与实践成果。

在陕西，位于西咸新区的中国西部科技创新港科教板块综合能源供应工程，就应用了地热能领域的"热"科技——地热无干扰清洁供热技术，为159万平方米建筑供热、供冷。该工程的运行成本只有燃煤的二分之一、空调的三分之一、天然气的四分之一，实现二氧化碳零排放，无废气、废液、废渣，治污减霾的成效显著。

中国地热资源丰富，开发、利用潜力巨大。陕西是大家都知道的产煤大省，但是据陕西省地质调查院调查，仅关中盆地的地热资源就相当于 4610 亿吨标准煤,是全省探明煤炭资源总量的 3.34 倍。

未来,我希望能与更多的有识之士携手奋进,让中国的天更蓝、山更青、水更绿,留给子孙后代一个更加适合居住的环境,为国家的双碳目标做出贡献。

梦想,就是活着的意义。每个人一生的时间都很短暂,一般都不到 100 年。像我们四五十岁的人,我觉得做一点"酷"的事很重要,赚钱就是一个实现理想后顺带实现的小目标。

对于一个追求梦想的人来说,对于一个追求改变世界的人来说,长远的意义远远比眼前的利益更加重要。

这个世界并不缺赚钱的生意,但是在赚钱的同时能让世界更美好,岂不是一件有意义、有趣的事?让我们一起创造更加美好的未来吧!

像我们四五十岁的人，我觉得做一点"酷"的事很重要，赚钱就是一个实现理想后顺带实现的小目标。

无限进步

跨界而来,为用户而生

■ 钟征

奇见科技联合创始人
信息系统选型及实施专家
集团战略及运营管理专家

很多朋友问我，你为什么要放弃耕耘了 15 年的 IT 事业，跨界做立体停车库？你们玩得过人家做了 20、30 年的公司吗？你们想改变这个行业，引领潮流，会不会太自大了？

是的，有点不自量力，但是，痛呀！

作为一个"开车族"，我们经常遇到这样的场景：辛辛苦苦地工作了一天后，开车回家，到小区却发现车位已经满了，只能漫无目的地绕着小区转圈，希望碰巧有人开车离开以腾出车位。还没找到车位，家人催促的电话又响起来了，"不是说在回来的路上了吗？饭菜都热三遍了，怎么还没到"？痛呀！

周末的时候，我想带着家人出去玩一下，却发现商业区的停车位非常紧张。把家人放下车后，我不得不一圈又一圈地转着，希望能找到一个空位。可是虽然我眼观六路，耳听八方，耐着性子一圈一圈转下来，就是没有车位！好不容易在附近找到地方停好车，再次回到商业区的时候，女儿委屈地对我说："爸爸不是说陪我玩的嘛？怎么去了这么久？"痛呀！

儿子学校搞活动，我找到附近的立体停车库，手忙脚乱地把车停好了，可以走了吗？不知道呀！等下不会被叫回来挪车吧？附近也没保安呀，咋整？儿子一直在身边催："爸，你行不行呀？快迟到了！"痛呀！

这样的经历让我感到非常痛苦。我想，为什么不能找一个解决方案呢？于是，我开始思考，最终选择了立体停车库、更智能的立体停车库、更人性化的立体停车库，这是一个能够解决城市停车难问题的最佳方案。为了将这个方案落地，我们这群志同道合的小伙伴，在 2017 年 5 月 3 日聚集在了奇见科技。

我们率先创新了商业模式，打破了传统的 To B 交易模式，由我们先期投资建设，在项目完成后，与场地方进行利润分成。这一变革不仅将业务重点转向了运营，同时也引导我们以设备的稳定性和用户需求为核心。

为了实现这一目标，我们对市面上的各类库型进行了深入调研，发现这个行业的产品大多以性价比为首要目标，以销售为核心。而我们认为，改变这一现状，需要以用户需求为导向，自主研发产品，真正做到为用户而生！

在经过深入研究和广泛咨询后，我们决定将垂直循环立体车库作为起点，将其做到极致。我们相信，只有将一款产品做到极致，才能在市场上取得成功。同时，我们也在不断积累经验和技术，为未来推出更多创新产品打下坚实的基础。

那么，什么才是极致的好产品呢？

首先，一定要好停。

不知道大家有没有这种经历？原有的垂直循环立体车库，一个大铁架子立在那儿，里面有个吊篮，车开上去前必须把后视镜收起，车轮必须正对着两道凹槽慢慢驶入，不能看后视镜，又要车身正，里面什么辅助提示都没有，这真的是没 10 年驾龄，不敢轻易尝试呀。

这么反人性的设计，必须改呀！我们把车台板从凹凸板、波浪板改成了像地面停车场一样的平行板，再把车台宽度从常规的 2100 mm 拓宽到 2400 mm，从此，我们的用户就不用收后视镜了，车身不正也可以在车台上进行微调。

为了帮助用户更清晰地看到车轮状况和停车台周边地面的状况，我们在车库里面装上了两面大大的玻璃镜，180 度无损大视野，再也在经过深入研究和广泛咨询后,我们决定将垂直循环立体车库作为起点,将其做到极致。

不用胆战心惊、步步为营、一脚油门、一脚刹车了。

此外，我们还准备了22组传感器来感知车宽、车长、车高，并定位车辆在车台板的位置，通过指示灯提醒用户前进、倒退或者已经停好，让用户可以更加自信地享受"奇见车位"所带来的舒适体验。

其次，一定要安全。

为了打造一个安全的使用环境，我们在垂直循环这个库型创新性地提出了封闭管理的概念，将护栏改成了封闭围栏，在开放的进车区加装了快速提升门，形成了一个完全封闭的四边形空间。在这个空间内，我们要把安全做到极致。

车库在转动的时候，是最危险的，所以在车库转动前，我们用22组传感器确保车辆的安全，在封闭空间内使用了144组传感器感知是否有生物移动，在门下的死角区域采用了14组传感器监测意外情况。除此之外，我们还使用了3组高清摄像头进行辅助视觉监控。

设备在转动过程中，我们根据模拟的7000多种意外场景，让一部分传感器在转动过程中也继续监测，同时加入了电流突变监测，一旦触发我们设置的警戒线，设备转动立刻会被终止，把意外损失降低到最低。

值得一提的是，为了确定传感器的高差排布，我们的电气工程师灰灰专门收集和了解了4000多种宠物的身高数据和活动习惯，最终确定了144组传感器的排布图。

还有，一定要便捷。

以在某医院立体停车库的存取车流程为例，用户将车开到立体车库前，等待保安将空车位降到一楼，把车停好后就可以走了。取车的时候，找到自己的车停在哪里后告诉保安，坐在边上的沙发上等，保安把车移动下来后就会通知用户把车开走。人多的时候，1个保安大概要管近1000个车位，我们是怎么做的呢？

出门前，你可以打开"奇见车位"的App或者公众号，用预约停车功能，先付费锁定一个车位，到目的地后会有一个空车位等着你。你把车开到车库面前，将车头或者车尾对准摄像头，设备识别到停车意图后，首先识别车牌，然后判断是否允许停入。确认可以停入后，车库门就会自动打开，用户将车开入设备，按照指示停好即可。

准备回家的时候，在等电梯的空档，你可以使用预约取车功能，让设备提前把你的车转动到地面。等你到达现场，只需要对着扫码口展示你付费后的取车码，车库门就会自动打开，你把车开走后，设备再自动关门。

最后，一定要持续用心。

什么是用心的研发呢？我举个例子，说明一下吧。

现在很多厂商都说可以刷脸取车，一般的做法是存完车后，让用户站在操作屏前拍一张照片。取车的时候，用户点击刷脸取车的按钮，然后机器拍照比对，再进行常规取车操作。

我们是怎么做的呢？用户在库内存车时，库内的多个摄像头会多角度地拍摄很多张照片，抓取人脸数据。用户在走向设备操作屏的过程中，我们的感应器会先识别这个用户是否存了车。如果存了车，且持续靠近设备到一定距离的时候，设备会自动弹出"尊敬的××××××车牌车主，欢迎回来，您是否要取车呢？"后续就是标准的取车流程了。在用户车辆驶离设备、取完车后，系统会将本次所有抓拍的人脸数据清空，保证数据安全。

怎么样,这样的体验是不是大家想要的极致体验呢?**这就是我们的底气所在,跨界而来,为用户而生,这是我们的承诺,也是我们的使命**。虽然我们的公司现在还很弱小,但为了心中的那道光,为了用户的笑容,我们会一直前行!

无限进步

素人打工或创业,如何选择行业和走最短路径"打怪"

■ 庄翰

从事过 11 个行业的素人打工创业者
有香精源头供应链的数字化香薰行业开拓者

以下是本文的内容概括：

素人：我和大多数人一样，人不笨、开窍晚、学历不高、没背景（如果你和我一样，请继续看下去）。

从事过 11 个行业：拿到过成果，也踩过"坑"，最大的成果上千万元，最大的"坑"也上千万元（如果你也拿到过成果、踩过"坑"，请继续看下去）。

总能找到新机会并落地：这个标签是别人给我贴的。随着年龄的增长，我希望能在前面加一个量词，变成"总能在 1 个行业里找到新机会并落地"（如果你也想找到新机会，请继续看下去）。

接下来，我会用自问自答的方式分享我作为一个素人，在打工或创业时，如何选择行业和走最短路径"打怪"。

从事过 11 个行业，行业之间的跨度都不小，对我的影响是什么？

我人不笨，但开窍晚，因为这个原因，错失了人生第一次改变自己命运的机会——读书。

因此，我只能快速抓住改变人生的第二次机会——工作。在 17 年的工作时间里，我换了 11 次工作（这里面有打工，也有创业）。

简单说一下我做过的 11 个工作：卖电脑、卖广告、卖烧烤、卖政府旅游通票、卖软件、开酒吧、开餐饮店、做土地流转平台及提供服务、提供大宗农业商品交易服务、做农业金融平台及提供服务、做数字农业项目。现在，我在做第 12 个工作——打造香精供应链及延伸的自有品牌香薰产品。

总结过去这 11 份工作对我的影响：

1. **我从来没觉得我换过行业**。我一直在做销售及和人打交道的工作，找到自己的核心能力，然后不断在不同场景下运用并打磨。

2. **选择大于努力**。一旦选择了，就全力以赴。做大多数工作时，我都能成为顶级销售。

3. **越选择，越懂选择**。今年我刚好 40 岁，庆幸的是因为我懂选择，所以不会再胡乱选择了。这对于一个 40 岁的人来说很重要。

4. **有了 11 个人生样本的体验，更会和人打交道了**。最近，我听一个老师分享了一句话："进入圈子的一个目的就是为了拿到不同人的人生样本。"这句话很适用于我。

在后疫情时代，通过什么方法找到新机会？

从 2020 年开始做的数字农业项目对我的影响很大。我有幸在 2021 年做了广东省第一个数字乡村振兴的项目，项目是以政府、央企、私企的合作模式落地的。

为什么要说这个背景，是因为它和选择模型有重大的关联。先和大家统一一个认知，在国内做生意，能不能做好、能不能做大，这门生意和政府的方向、目标是否一致很重要。

当别人问我行业怎么选时，我说："别问我，问政府最靠谱。"政府每 5 年做一次规划，规划里有明确的方向（定性）和目标（定量），结合你想做的行业，仔细阅读省、市、县、镇的具体规划，你大概就知道自己想选的行业到底能不能去做，如果做这行，大概体量有多大（当然也要结合目前的行业情况做交叉验证分析，这样数据才能更准确）。

分享一下我是如何跨行业做的香精供应链和香薰行业的。

1. 背景：毕业后，我就扎根广州，家人都在广州定居，所以我不打算换城市。在后疫情时代，我想做一些确定性强（高频、刚需）、投入不大、风险不高的事情（结合十四五规划出现最多的一个字"稳"来做自己的选择）。

2. 根据广州十四五规划未来 5 年的产业发展，把重点发展的产业记录下来。

3. 广州是传统的贸易型城市（有配套生产和相关供应链），广交会是每年全国甚至全球的重大交易机会，确定性强的高频、刚需产业是我重点考虑的，再结合我自身的资源，我筛选出了化妆品行业。

4. 根据《中国化妆品行业"十四五"发展规划》，我了解到化妆品行业的分布，40%在华东，60%在华南。此外，还了解了上下游的当下格局、未来发展趋势、头部上市企业等。

分享一个大部分炒股高手和所有的基金经理、投行经理判断一个行业或一个公司基本盘的超实用的工具，见下表。首先找到你想了解的行业的标杆上市公司的招股书或者财报（多找几家公司，然后算出平均值，才能代表行业的基准值数据）；其次，根据表里左边两列数据算出公司的综合能力数值，如盈利能力、偿债能力、盈利质量、营运能力、成长能力。所有投资人、找工作的高手、创业高手在投资和入局前，都必看公司的这几大指标来快速了解公司和行业的整体情况，有些更厉害的人会更细化地实地调研，交叉验证看是否入局该行业。

行业头部上市公司财报公布出来的行业基准值数据等可以去深交所、上交所、巨潮网、财报说等网站查询，相关数据可以通过网站付费 VIP 账号直接拿到。

5. 未来增长趋势分析：中国目前正在大力推动以品牌建设助推质量强国，国内品牌会不断崛起，从而对上游供应链的需求增大。国内香薰品牌，如观夏、野兽派、闻献、名创优品等都在不断增长。

公司综合能力	关键指标	行业头部
盈利能力 产品研发和销售的能力 提高竞争力	毛利率=毛利/收入	45%-50%%
	净资产收益率ROE=净利润/净资产（资产-负债） （每100元净资产，为股东创造了多少的净利润）	15.1%（每100元净资产，为股东创造了约15.1元的净利润）
	销售利润率=净利润/营业收入 反映了企业生产和销售能力的强弱	19.3%
偿债能力 抗风险能力 风控	流动比率=流动资产（快速变现）/流动负债（欠钱） 借债的1元有多少流动资产可以偿还 太高代表收益太低，一般在2左右比较好	1.77
	资产负债率（风险）=负债/资产 （代表100元 有多少钱是借的）一般在50%左右或以下比较好	30.6%
盈利质量 赚钱到手的能力 收款能力	销售收现率 公司实际收款/公司销售收入 （企业一年的销售收入中收到现金的比例）	89.8%（向客户出售的商品或服务，在收到相应款项的时间上平均为89.8%的时间内完成）
	应收账款周转天数=销售收入/平均应收（年）=销售收入/应收余额（年） 资金周转时间	5.7次 （平均账期64天，2个月）
营运能力 运营管控的能力 降本增效	存货周转天数=销售成本/平均存货 库存周转时间	4次 （库存平均91.25天消耗完）
	总资产周转率=销售收入/平均总资产 （企业运用多少营运资产创造收入） 体现企业利用资产的效率（多纬度看才行）	68%
成长能力 可持续增长的能力 战略和规划	营收增长率（和去年同比/环比增长）	26.3%
	净利润增长率（和去年同比/环比增长）	54.8%

6.向行业专家请教及找到合适的行业合作切入点。

新机会不错，该如何落地？

我对落地的理解是首先要把做好这个事情的关键要素找出来，从时间成本上看哪些要素是自己必须做的，哪些是可以让别人帮助完成的，这样就有可能在最短时间内落地。

分享一下我是如何让香精供应链和自有品牌香薰产品落地的。

1.**背景：选择一个新行业落地，资源、借力、能力、经验迁移是关键**。在香精香料产业链的展会了解国内外的各个厂家和品牌香薰产品在4P理论（产品、价格、渠道、推广）方面是怎么做的。同时，分析产品的BOM表，了解产品成本。

2.产品供应链要素包括原料、香精、配方、包材、灌装与包装等。在这个方面，我们有如下几个特点。

◇ 高技术

1）香精香薰：和全球香精头部公司及全国头部香薰生产厂联合开发除异味（宠物味、烟味等）和驱蚊的功效性的自有专利配方香薰。

2）数智化香氛设备：和全国头部 Cat.1 模组厂及全国头部香薰设备厂联合开发智能化香薰设备（硬件使用了物联网和雷达技术自有专利，软件可以实现和 B 端自有系统的对接）。

◇ 高效果

除异味、驱蚊虫专利香精成分添加量不低于 12％，市场上香薰产品添加香精量为 3％—8％。

◇ 高差异

目前，市场上的香薰产品主要用香味吸引客户，我们的香薰产品用功效吸引客户（更适合实用主义、需要情绪价值的客户）。

◇ 高佣金

我们有源头供应链，所以有供应链价格优势，有更多利润空间给合作伙伴。

◇ 高复购

目前，功效性和定向开发的香薰产品在 45—60 天可以消耗完，容易触发客户复购。在小范围内测试购买的用户对香味和效果的满意度达到 89％，用户复购率为 85％左右。

3.价格要素：源头供应链。人无我有，人有我优，定位为对标纯量市场产品的平替来定价。

4.渠道要素：目前是针对 To B 的渠道做 To C，例如酒店、酒吧、住宅物业、车美容连锁店、宠物美容店等。

5.推广要素：用高佣金模式做商业模式推广，一个人卖货肯定不及一群人帮我们卖货。

总结一下，作为一名素人，想要在打工或创业的道路上走得更远，选择一个适合自己的行业是非常重要的。如何选择呢？我们可以用最短路径的方式解决这个问题。

首先，我们需要明确自己的兴趣和优势。只有在自己喜欢并擅长的领域，才能够持续地有热情和动力。

其次，我们需要考虑行业的前景和市场需求，避免选择过于冷门或过于饱和的行业。我们可以通过调查研究了解不同行业的发展趋势和特点，如阅读行业报告、关注行业动态、参加行业展会等，还可以通过与从业者交流，了解行业内部的情况和实际工作体验。

最后，我们需要实践和反思。选择一个行业只是第一步，真正的挑战是如何在这个行业中获得成功。我们需要不断学习、积累经验，并不断调整自己的方向和策略。同时，我们也需要反思自己的选择是否正确，是否需要调整。总之，选择一个适合自己的行业是非常重要的，但这不是一件容易的事情。我们需要用最短路径的方式解决这个问题，明确自己的兴趣和优势，了解行业特点和趋势并不断实践和反思。只有选对了，努力的价值才会被放大；只有努力了，才能获得放大的价值。

选择一个行业只是第一步，真正的挑战是如何在这个行业中获得成功。

无限进步

创业路上，有我同行

■ 刘智浩

一堂广州学习中心主理人
践行实事求是、引导科学创业
初创项目分析与商业咨询师

大家好，我是 Leo，是"知识影响力中心"的负责人，也是本次合著出书的组织者。

在过去的 8 年里，我算是半个连续创业者。为什么是半个呢？接下来，我想通过分享我的故事，给正在创业/事业转变的你，带去一点启发，同时也希望在未来，我们能相识、相交、相助。

天下哪有不吃亏的年轻人

记得我第一次创业是在 2015 年，当时团队拿了接近 50 万的天使轮，做 AR 场景搭建。正逢房地产行业火热，房地产销售中心衍生出来的需求就是做线上虚拟样板间。当时一个月能接到两三个 5A 写字楼的单子，勉强撑起团队的正常运转，但现金流还是相对吃紧。没想到后来接了某富地产的 5 个楼盘的单子，听起来非常好啊，但天下哪有不吃亏的年轻人，跟房地产公司合作，首当其冲的就是尾款问题——由于缺乏法务经验，接连好几个单子都难收回剩余 70％的尾款，对我们这个小团队来说足以致命。最终，9 个月后，我们团队解散了。

没有借口，做不成就要滚

毕业后，我去了一家大型日企做"管培生"——听起来挺好的，但这岗位吃力不讨好，没有什么晋升机会，安分守己地做"螺丝钉"实在不适合我。

接受不了两点一线节奏的我，最终还是跳出来，投入到第二次创业中——综合金融的渠道代理。当时我还很内向，既没有人脉基础，又不善于混圈子，同行的老方法又学不来，业务很难开展。缺乏行业知识和经验的我，只能边学边输出，可是在代理商体系内，业务做得不好，只能灰溜溜地离场。

创业是场长跑，能跑多远，才是关键

2019年，我又找到了一个机会——精品咖啡。这一次，我非常谨慎。我观察到咖啡行业第三轮发展的风口（第一轮是雀巢等速溶咖啡兴起，第二轮是星巴克进入中国），可我本身不懂咖啡，只能找别人合作了。正好有个朋友的咖啡店刚开业，团队相对成熟（有连锁店的运营管理经验、有产品研发能力、有稳定的供应链），朋友问我要不要一起干，思前想后，我把半个家底掏出来，投资了这个品牌，成为天使投资人。2020—2021年，品牌逐步扩张，广受好评，在咖啡节上顾客大排长龙，门店复购稳定，甚至还有其他地区的人来问加盟的事。那时候，我真觉得这个投资决策做得非常好，团队都认为行业和品牌的前景一片大好。

但正如大多数的创业故事一样，结局事与愿违。由于疫情的反复、消费力的低迷、行业的内卷、头部占领市场，我们的竞争力不断下降，在2021年底，正式进入低谷，仅半数门店盈利，最后不得不壮士断腕……

旁人尽数交卷，而我只字未填

至此，3次失败，我开始迷茫。我说自己是连续创业者是因为我确实经历了几次创业，但为什么说是半个？因为没有一次成功。

生活的残酷在于，巴掌扇过来的时候，只能学着麻木，因为根本没地方可以躲。我开始进入亚健康状态，失眠焦虑、躁郁不安，不爱接电话，不爱与人交流……颓废的我，甚至觉得要不接受现实吧，反正还没到 30 岁，老老实实两点一线的工作也还能活。

我不断地问自己——我到底是谁？我到底擅长做些什么？我热爱的是什么？我到底可以给别人带来什么价值？我一度产生了极大的自我怀疑。每个选择都有代价，选错了的代价就是打碎了牙往里吞。看着周边的朋友——考公上岸、读硕博深造、结婚生子、生意稳当，大家都做对了选择，仿佛只有我选错了。

在低谷中，走哪边都是上坡

让我庆幸和感激的是我有家里人对我的支持、朋友们给我的鼓励，推动着我学习。在我最迷茫的时候，我找到了组织。

我开始在新的圈子里交朋友，开始有目的地学习，这也让我意识到——真想走出低谷，需要聚焦有价值的事。一直处于低谷的我，终于找准了方向。在几位朋友的推动和鼓励下，我毅然地投入打造"知识影响力中心"，为创业者做咨询。

总结我的几次失败教训，发现都是没有深入地做一件事。方向、方法固然重要，但如果方向对了，方法也对了，但出的力不够，还是会失败。所以创业的难点在于必须亲自下场面对所有问题，不能躲、不能逃，更不能假手于人。创业者除了做好本职工作，更应该懂得借力借势，用对工具，用好资源，才能事半功倍。

做创业者们的影响力灯塔

创业者的时间和机会成本往往都很高,所以都会特别在意结果和收获——不仅在意学到了什么,还在意学了之后怎么在事业或生活中学以致用。我在学习中,也特别重视"输出",只有通过逼自己输出来后再强化输入,学习效果才会更好。学习、实践、变现,三者组成一个增长飞轮,才不会让知识如同过眼云烟,轻易随风消散。毕竟对创业者来说,落地是关键,变现是关键中的关键。

也许是因为淋过雨,所以总想给别人撑一把伞。我期待看到身边爱学习的创业者们,能逼自己一把,通过"输出"来突破自我。恰好今年,几个有共识的同学都想为创业者们做点事,所以我就牵头拉拢了 30 位跟我一样有抱负的创业者,发起了编著这本合集的项目,让大家把自己的故事分享出去。借着这本合著的出版,我想让更多人能认识我们、相信我们。

今后,我将落地几个关键的项目,助力创业者。

一是通过数字化的产业融合协同平台,协助创业者提升经营效能、提高经营水平;

二是通过运营商固定小组私董会,创建一个平等互助的环境,使得彼此可以相互促进、突破自我;

三是通过合著打造个人影响力,让创业者们能更好地展示自我,被更多人看见;

四是通过性格测试和商管桌游,帮助创业者们自我觉察,稳定创业心态,培养管理思维;

创业者除了做好本职工作，更应该懂得借力借势，用对工具，用好资源，才能事半功倍。

五是通过企业专访和创业工作坊，从科学客观的视角，帮企业更好地发现并解决问题。

基于大家的同学情谊，我们会先在广州开展上述活动，**以活动促关系，以关系领势能，以势能提价值，**为各个同学站台。每周、每月、每季度，我们都会碰一碰面，相信我们最终都会找到那个同频共振的好战友。我们相信，在创业的路上，少走一些弯路，结果就会好一些。未来，我们也会提供更多外部资源给大家，帮大家拿到好结果。

我们将以十倍的投入和用心，把底子做扎实，把柱子立稳当，带动各个相信科学创业的创业者，在真实、真诚、真心的环境中，共学共创，共建共享，共担共赢。彼此之间相互扶持、托举，让参与进来的每个人都能成为自己心中的大咖，簇拥成势，滚滚向前，一同打造更高的商业价值，一同成为创业者们的影响力灯塔。

如果你是创业者，请相信自己，一定能爬上山顶。

不用担心，前方的路我来照亮，在创业路上，与我同行。

无限进步

合集出版的需求和实践

■ 李海峰

DISC＋社群联合创始人
当当影响力作家

我有不同的标签，目前使用最多的是 DISC＋社群联合创始人，我亲自服务着 5000 多名认证讲师。

DISC 个性测验是国外企业广泛应用的一种人格测验，用于测查、评估和帮助人们改善其行为方式、人际关系、工作绩效、团队合作、领导风格等。

DISC 这个工具让我们可以**在独处时照顾好自己，与人相处时照顾好他人**。对于一个缺乏感性思维的人来说，DISC 会有效地增加其人际敏感度。

接触一堂后，我沉迷于一堂的学习，是因为它让我看到了截然不同的世界，让我感受到了理性的力量。如果你想科学创业，来一堂没错。

常常有人抱怨现在的人都太卷了，其实**我们并不卷，只是习惯了对自己要求高**。感性让我们高情商地"躺平"，理性让我们高效能地"卷赢"。

我还有一个身份是**企业顾问**。在协助企业高管的时候，我的认知是理性思维人人都需要，有些人可以把这个变成优势，而有些人至少要能用好有这个优势的人。

在大企业，我们常说企业高管要花更多的时间在人身上，而不是事情上，尤其当你发现团队里没有擅长这方面的人，你就要躬身入局。

我还算**半个投资人**，因为我们的很多认证讲师是企业高管或者创始人，所以基于对他们的了解，我投资了 26 家公司。

我投资的逻辑是除了考虑高管团队等人的因素之外，还需要满足以下 3 个条件：

1. **可盈利**：公司是**盈利的**。

2. **可验证**：公司的成功要素是**可以验证和拆解**的。

3. **可复制**：有独特的资源和优势，**可以放大关键要素，带来整体收益**。

学习一堂后，我发现以上 3 个条件和五步法是对应的：可盈利是跑通单元模型，成功要素是有关键增长指标，可以放大关键要素是增加清晰可见的壁垒。以前，我是凭经验，接触一堂后，我开始有了方法论。于是，我把一堂推荐给我投资的企业、我的好友。截至目前，我已经**推荐给了 800 多人，**合伙人指数达到 13000 多分。

说了这么多，咱们务实一点，接下来，我将聚焦五步法的起点，也就是需求，用**我们真实的出版合集的案例**分享。

发现需求。

需求为什么重要？

对市场来说，**你能提供什么东西不重要，重要的是用户需要你解决什么问题**。比如说，我有一个初心是助力我们的认证讲师成长，虽然我做了很多，但如果不是对方所需要的，或者没有能力让对方清晰地意识到这是他们需要的东西，那就是自嗨。

我特别希望助力 5000 多名认证讲师成长和变现，"合著出书"是我找到的解决方案之一，经过对一堂五步法的学习和对需求的拆解，我越来越笃定。

爱他是我的态度，能让他感受到爱是我的能力。

合著出书其实很简单，区别于市面上大部分书只有一个作者，我们让 30 位左右的作者合著，每个人写 3000 字左右的精华文章，结集出版，解决**背书和引流**的问题。

验证需求。

一堂五步法的需求分析有四步：**拆、推、评、算**。

基于这四步，我讲讲项目的梳理和调整过程，让大家**清晰地看到 Before 和 After**：我们的合集出书，从四年出两本到每两月出一本，从免费提供到学员自费，从课程赠品变成课程内核。

拆：我把目标用户分为三类：

1. **能力有限**：靠自己无法独立出书——写作能力欠佳、出版资源匮乏、推广能力有限。

2. **时间紧迫**：对出书有确定性需求——有必须做到的决心，有时间要求的紧迫性。

3. **强大背书**：希望能得到强大的背书——出版是有门槛的，合著者或者编者都是大咖。

推：（细分用户）在（××场景）遇到了（真实问题）。

我发现，一个人在对外宣传自己的时候，可能会因为缺乏强背书而达不成自己的目标，给大家举几个例子吧。

一个知识主播在直播的时候，想强调自己的专业性，促进成交，这时需要一本书；

一个培训讲师在机构投票的时候，想要在简历里增加背书，这时需要一本书；

一个企业家在接待领导、宣传企业、拜访客户的时候，想建立好感，这时需要一本书。

我认为，合著书籍最重要的就是两个点：**提升传播效率、减少传播费用**。下面，我具体解释一下这两个点。

提升传播效率。

在朋友圈频繁发广告,很容易被屏蔽,导致无法触达自己的潜在用户,但如果有一本合集书,对方很可能不会像看普通广告那样,直接略过,尤其是你送的书,很可能会翻开书,花 10 分钟把你写的那篇文章看完。虽然很多人没有耐心和时间把整本书看完,但如果是你送的,对方又是认识你的人,**那么至少会把你写的那篇看完**。

减少传播费用。

打造个人 IP 的时候,难以破圈、流量稀缺、公域引流难度大、费用高,但如果有本合集书,至少合集里的作者们就可以**形成个小圈子,彼此助力**。合集经过大家共同的发力推广,也会有更多的陌生人来主动联系。

书籍是社交名片,关系到杠杆和流量入口。

评:我们看普遍性、频次和刚性这三个维度。

普遍性。

在这个时代,人人都在高喊个人 IP,**几乎每个用户**都希望增加自己的背书,这是普遍需求。

频次。

每个出现在大众面前的人,**都希望有源源不断的流量**,这是高频需求。

刚性。

每个用户对于**由自己输出且被大众认可的内容都是渴望的**,这是刚性需求。

我列一个数据吧,在 2021 年当当影响力作家中,**在当选职场导师榜的十位作家里,有九位是我们的毕业生**;在 2023 年当当影响力作家中，我们有 27 位成员当选，即**全榜每十位，就有一位是我们的毕业生**。

成为大的 IP，概率可能不太高，但成为畅销书合著者，是 100% 确定的事。

2021年 第7届当当影响力作家

职场导师（9/10）
帅健翔.F37　张萌.F59　侯辰.F63
北北.F68　卢山.F68　韩老白.F81
弘丹.A16　黄有璨.A19　李海峰.Go

心理励志作家（2/10）
陈韵棋.F4　小川大叔.F37
科技极客（2/10）
秋叶大叔.F40　冯注龙.F45
亲子养育专家（1/10）
崔馨.F48

2023年 第9届当当影响力作家

励志作家（11/15）
侯辰.F63　焱公子.A5　廖舒琪.F36
赵昂.F69　汤金燕.F88　尹丽芳.F40
筝小钱.F43　谢菁.F44　王小芳.F3
赵冰.F67　黎燕琴.F74

财经作家（6/15）
弗兰克.F30　赛美.F37　帅健翔.F37
韩老白.F81　水青衣.A5　李海峰.Go

亲子养育达人（3/10）
雨滴医生.F40　王艺霖.A5　凌笑妮.A0
人气名师（3/20）
沈红亮.F9　于乐芳.F51　霍英杰.F53
科技极客（1/10）　青年作家（1/20）
冯注龙.F45　　　张萌.F59
心理学作家（1/12）　人文社科作家（1/20）
郑佳雯　　　　　弘丹.A16

算：TAM-SAM-SOM，这三个英文缩写是指**最大的潜在用户数—接受这个商业模式的用户数—可以触达的用户数**。合著出书看起来是人人都愿意做的事，但这里面还是有一笔较大的成本，这就可以筛选出有付费能力的用户了。

我们希望提供的是情绪价值和功能价值。我们目前还是基于一个社群做这件事，所以可触达的用户数不多。**从一个成熟企业的角度看，这明显是不划算的**。

还有另外一个角度，用心做和不用心做，作为客户在付费的时候，很难直观地感受到服务质量。只有出多少钱，大家会比较直观地了解，但是用什么纸、怎么设计封面、做哪些推广动作、如何打榜，这里面的门道很多。

如果这个业务大规模地做，反而可能劣币驱逐良币。所以算完之后就知道，这个业务几乎只能我们自己做。**别人通过"算"，决定要不要做这个"生意"；我们通过"算"，发现这个事情只能自己做**，基本上找不到和我们一样专业的可以外包的机构。

这个利润空间很小，同时别人也模仿不来，出版社—编辑—组织者—合著作者的沟通链路太长，里面包含大量不对称的信息和倾斜的个人资源，**用户的迁移成本相对较高，Know-How 也在我们手上**，并且 1 年有 12 本以上的出版数量，我们也在不断迭代。

接下来，我和大家分享一下我们的合集出版思维不断迭代的过程。

我的模型迭代

我从**写书、出书、卖书**这三个模型迭代的角度说说出版合集的经历。

出版合集给我带来了什么呢？

短期： 是我教学理念的落地（结果密度和成果相关度）。

长期： 让我放下骄傲和恐惧（每个人都值得被看见）。

结果密度带来品牌和笃定（不需要只宣传某几个优秀学员），成果相关度带来深厚的友谊（合著作者靠自己做不到或者做得没有我好，所以感谢我）。

我们每个人都会对文章和作者有自己的看法，合集作者彼此之间，有的认为别人给本书加分，有的认为别人给本书减分。但是我知道，从读者的角度说，也许看完后觉得受益，帮助到他的可能不是段位高的合著者，反而是段位低的合著者。

我们常常为提高自己的审美而高兴，但是很可能忽略了，也许自己的审美过高，对别人的帮助反而不大。

我不把自己当成精英，而是当成在路边鼓掌的人。通过出版合集，看过不同的故事，更懂得每个人的价值。

以下是**根据对象和实现效果划分出版合集的阶段**。

第一阶段：请大咖站台

我萌生帮学员出合集的想法，是因为我自己的培训理念：**不是老师，而是同学决定了教学效果**。

我自己太清楚出一本书可以带来多大的影响力。我的《领导力》是由中央党校出版集团的大有书局出版的，我现在去厦大 EMBA 和安泰管院授课的时候，使用的都是这本书作为教材，所以我如果可以给学员出本合集，在很大程度上就是给这个课程背书。

出版需要通过出版社进行，合集往往市场表现不好，所以出版社对合著者的要求高。我自己的做事习惯是不能让合作伙伴吃亏，所以会回购大量的书。在这里，我要特别感谢人民邮电出版社的老师们。

总结一下这个阶段的模型：

写书：向学员中的"大咖"约稿。

出书：符合出版社的出书标准。

卖书：我回购，然后送人。

成果：1 年出了 2 本合著，合著者都是有百万粉丝的"大咖"。

遇到的卡点：符合条件的合著者，只占全部学员的 5%。

第二阶段：为优秀者喝彩

前面说到，出版社基本上只给本身已经非常优秀或非常有市场潜力的作者出书，那么，后来我们怎么突破的呢？

因为想出版合集,我找了很多出版社,有些出版社哪怕没有合作成功,也与其建立了友谊,有些编辑问我有没有出新书的打算。

其实,我在 2019 年出版的《我为什么看不懂你》,被当当网评为"终身五星级图书",而且连续修订 3 版。

对于出书,我自己的想法很清晰:对外是市场行为,我已经有了背书,也不希望从出书上赚钱;对内,我自己明显还没到"立言"的阶段,没有留下著作的内驱力。于是就出现了这样的局面:我想出合集,出版社想出我个人的书。最终,仔细盘点各自的需求,我降低版税率,出版社出我个人的书,然后捆绑出合集。

关注方案陷入博弈,关注需求发现可能性。

思路决定出路。方案出来,就迅速落地:电子工业出版社出版了我的《DISCOVER 自我探索》,同时出版了合集《百万年薪:培训师进阶之路》;机械工业出版社出版了我的《赢得欣赏》,同时出版了合集《终生成长》。

总结一下这个阶段的模型:

写书:进行主题征稿。

出书:用捆绑的方式出书(出版我的独著,配套出版学员合集)。

卖书:全国巡讲(学员联合分享)。

成果:3 年出了 4 本书(2 本我的独著和 2 本合集)。

遇到的卡点:出版周期过长,合集出版不受重视。

第三阶段:为普通人赋能

经历了第二阶段后,我们应该有这样的共识:你可以通过捆绑一个更有价值的项目,让某个项目变得比本身更有价值,但长久之计还是要让这个项目本身变得有价值。

用过五步法的人就知道，最重要的是拆。30人的合集，对于普通人来说很有价值，因为：

普通人没有经过写作的训练，

普通人没有专业积累，

普通人不会被出版社视为重点作者

但有些普通人有建立品牌和获得流量的强需求，这个需求强到什么程度呢？

强到愿意自己给钱，把出书当成投资。

出版合集的目的就是提供背书、引流。

通过背书，更好地建立个人品牌，秋叶大叔说："个人品牌就是最好的流量池。"

建立品牌，才能赢得偏爱。

而后面发生的事情，让我们意识到这个项目的价值。我们有很多的独著作者跑过来参与写作合集。

一般认为，有自己的个人著作当然好过参与写作合集，但实际上，销量才是最重要的。打"群架"，才能效果最大化。举个例子，在当当现在的分类榜上，单本书的销量想拿第一，24小时的销量可能需要达到3000本以上才能实现。一个人买3000本书，可能送都送不完。每本定价30元，一下子9万元就没有了，但是如果是30个人的合集，每个人买100本，很快就是3000本。

更重要的是激活和引流。

在私域里，打广告让人反感，但是送本书还是受欢迎的。很多人没有耐心看完一本书，但是你的文章只是书里的一篇，只有3000字，所以别人大概率会看完。合集书比个人独著更能激活私域流量。

每个人的私域汇聚到一起，大家打"群架"，建立商业联盟，革命友谊从一起"打仗"（出版合著）开始积累。

最后，因为打榜每次都有好名次，会带来公域的引流。很多买了书的伙伴，会加合著者的好友，进入私域。更重要的是，因为已经是畅销书了，请别人帮忙的时候，变成请大家锦上添花，而不是像以前出书求人，要别人雪中送炭。锦上添花易，雪中送炭难。

总结一下这个阶段的模型：

写书：每个人写自己的故事。

出书：有背书和引流需求的自费参与，交初稿后有专业团队进行优化。

卖书：用打榜的方式激活流量，私域做激活，公域做引流。

成果：每年出版 3—4 本书。

遇到的卡点：畅销书如何长销，流量如何变成留量。

第四阶段：为生态助力

一旦完成从 0 到 1，就等于算好了单元模型，接下来就是优化迭代，形成系统。比如，有些合著者不会写，我们就找各种高手，最后形成 3 个套路，基本上都能在 6 天内定稿。这里面的细节不展开说，就讲一个 TED 的模式供大家参考。

学习的目的不只是为了获得智力上的快感，运用后有成果才是关键。

不要用成长的感觉，代替成果的获得。

拿我在一堂讲师营的收获来看，一堂至少在两点上做得非常好：提供了大量的机会给学员，做开放麦；留出了大量的时间给学员，做深入交流。因为能力固然很重要，但有的时候别人的一个资源就可以帮你直接得到成果。

如果真的要在鸡蛋里挑骨头，我希望开放麦的机会更多点，同时参加开放麦的伙伴准备更用心、更充分点；交流的时候，不只是"牛人""大佬"们说话、大家旁听的方式，每个人都可以做较为充分的平等的表达。

TED 在某种程度上可以做到这点。30 位合著者，一起找两天时间，尽量都参与。

第一天，每个人有 10 分钟的演讲时间，超时会被抱下来。讲完后，其他伙伴会反馈意见。演讲的稿子就变成了书稿的框架。另外，现场会录像，剪辑花絮会作为未来传播的素材。

第二天，安排深入的沟通，也可以安排大咖的分享或者私董会等。因为通过第一天的 TED 演讲沟通方式，大家已经从陌生变得慢慢熟悉。很多人通过合作，发现了很多的商机，而且来的人都是对品牌和流量有追求的人，且大家付了钱后都会特别认真对待这件事。大部分时候，书还没出，出书的投资成本已经回来了。

当然出书后，有些想转型做知识付费的合著者就主导操盘推广和裂变，其他人做嘉宾，也可以做训练营，但核心是——

对内：做整合，力量源于差异性；

对外：打"群架"，流量变成自有留量。

总结一下这个阶段的模型：

写书：用 3 个套路快速出稿，通过 TED 以及精品课，一"鸭"多吃。

出书：出版社打配合，出版公司和专业团队为操盘手。

卖书：裂变活动、训练营、沉淀私域。

成果：每 2 个月出版 1 本新书。

遇到的卡点：目前的新书必须由我担任主编来兜底。

汇总一下，下面是我的出书（合集）模型，大家可以"作业"。

我的出书模型迭代				李海峰@DISC+社群	
	写书	出书	卖书	结果	卡点
1.0版本	向"大咖"学员约稿	符合出版社的出书标准	我回购送人	1年出了2本,合著者都是有百万粉丝的"大咖"	符合条件的合著者,只占全部学员的5%
2.0版本	进行主题征稿	用捆绑的方式出书	全国巡讲	3年出了4本书	出版周期过长,合集出版不受重视
3.0版本	每个人写自己的故事	有背书和引流强需求的客户自费参与,专业团队优化稿件	打榜激活流量,私域做激活,公域做引流	每年出版3—4本书	畅销书如何长销,流量如何变成留量
4.0版本	用3个套路快速成文,通过TED以及精品课,一"鸭"多吃	出版社打配合,出版公司和专业团队做操盘手	裂变活动、训练营、沉淀私域、高单价产品	每2个月出版1本新书	目前的新书必须由我担任主编来兜底

当然，更重要的是心法：

每个人都是一颗钻石，关键是如何让它发光。

我们必须考虑系统的要素，做系统的事，格局大，才能调用更多的资源。

最后送给大家我的三个心法，仅供参考：

1. 每个人都有价值。

我们要努力，不仅让"大咖"成为更大的"咖"，还要让每个人都有机会成为"大咖"。

2. 创造让别人宣传自己的机会。

不要总想让别人免费宣传你，为爱发电，你要创造让别人宣传他自己的机会，不介意顺带宣传你。

3. 能帮到你的不是人脉，你能帮到的才是人脉。

好的爱，双向奔赴。不要迷信"大咖"，不需要偶像，只学习榜样。

每个人都是一颗钻石，关键是如何让它发光。